教育部第四批1＋X证书制度试点

人物化妆造型
职业技能教材

| 初级 |

北京色彩时代商贸有限公司 组织编写
熊雯婧 陈霜露 主编
简 义 杨 曦 副主编

化学工业出版社
·北京·

内 容 简 介

本书依据人物化妆造型职业技能初级考核标准，对应工作岗位、工作任务及职业技能要求，对妆前准备、化妆服务、造型服务三个项目中涉及的从职业健康维护、顾客接待及信息采集、五官分析、职业女性化妆、中式新娘化妆、西式新娘化妆、社交性晚宴化妆、演示性晚宴化妆到发型造型、服饰搭配、色彩搭配等十一个任务内容进行素养、知识与技能的介绍，并且对每个任务进行分析与效果评价。

全书通过岗位技能要求阐述、案例分析、任务实施，将理论标准与实践操作相结合，通过扫描二维码，读者可自行学习视频教学内容，有助于标准化、多维度地培养职业化妆师与造型师。

图书在版编目（CIP）数据

人物化妆造型职业技能教材：初级/北京色彩时代商贸有限公司组织编写；熊雯婧，陈霜露主编. —北京：化学工业出版社，2022. 1

教育部第四批1+X证书制度试点

ISBN 978-7-122-40285-1

Ⅰ. ①人… Ⅱ. ①北… ②熊… ③陈… Ⅲ. ①化妆－造型设计－职业培训－教材 Ⅳ. ①TS974. 12

中国版本图书馆CIP数据核字（2021）第235533号

责任编辑：李彦玲　　文字编辑：吴江玲　　美术编辑：王晓宇
责任校对：宋　玮　　装帧设计：水长流文化

出版发行：化学工业出版社（北京市东城区青年湖南街13号　邮政编码100011）
印　　装：北京宝隆世纪印刷有限公司
787mm×1092mm　1/16　印张6　字数120千字　2022年1月北京第1版第1次印刷

购书咨询：010-64518888　　售后服务：010-64518899
网　　址：http://www.cip.com.cn
凡购买本书，如有缺损质量问题，本社销售中心负责调换。

定　　价：58.00元　

“人物化妆造型职业技能”系列教材编写委员会

（按姓名笔画排序）

主 任 委 员

闫秀珍　原全国美发美容职业教育教学指导委员会　主任委员

副主任委员

张安凤　常州纺织服装职业技术学院　专业带头人
罗润来　浙江纺织服装职业技术学院　艺术与设计学院院长
熊雯婧　湖北科技职业学院　传媒艺术学院副院长

委　　员

王悦云　浙江纺织服装职业技术学院
王酥靖　常州市罗尚职业技能培训学校
毛金定　浙江纺织服装职业技术学院
邓　平　山东艺术学院国际艺术交流学院
石　丹　杭州市创意艺术学校（原杭州拱墅职业高级中学）
朱丽青　浙江省机电技师学院
朱佩芝　浙江纺织服装职业技术学院
刘　萍　常州市罗尚职业技能培训学校
刘培诺　常州市罗尚职业技能培训学校
孙雪芳　杭州市创意艺术学校（原杭州拱墅职业高级中学）
严可祎　湖北科技职业学院
杜　成　常州市罗尚职业技能培训学校
李清芳　常州纺织服装职业技术学院
杨　曦　重庆城市管理职业学院
张玉梅　北京色彩时代商贸有限公司
陈霜露　重庆城市管理职业学院
罗晓燕　湖北科技职业学院
周　放　沈阳市轻工艺术学校
施张炜　浙江省机电技师学院
黄译慧　宁波卫生职业技术学院
梅　丽　宁夏职业技术学院
盛　乐　浙江横店影视职业学院
章　益　宁波卫生职业技术学院
蒋　坤　常州纺织服装职业技术学院
简　义　重庆城市管理职业学院
蔡　越　常州市罗尚职业技能培训学校
潘　翀　浙江横店影视职业学院

“人物化妆造型职业技能”系列教材审定委员会

（按姓名笔画排序）

为贯彻落实国务院印发的《国家职业教育改革实施方案》和教育部等四部门联合印发的《关于在院校实施“学历证书＋若干职业技能等级证书”制度试点方案》文件精神，北京色彩时代商贸有限公司（以下简称“色彩时代公司”）积极投身到职业教育1＋X证书试点工作中，依托职业技能等级标准开发、师资团队建设、学习资源开发、考培站点建设等取得的阶段性成果，经教育部职业技术教育中心研究所发布的《关于受权发布参与1＋X证书制度试点的第四批职业教育培训评价组织及职业技能等级证书名单的通知》文件授权，正式成为职业教育培训评价组织。同时，色彩时代公司申报的“人物化妆造型职业技能等级证书”成功入选第四批1＋X职业技能等级证书名单。

为保障人物化妆造型1＋X证书试点工作的顺利开展，色彩时代公司以新技术为引领、以新技能为支撑，结合人物化妆造型岗位实际，联合职业院校和行业企业共同开发了《人物化妆造型职业技能教材》（初级、中级、高级）三本书。

从教材编写伊始，色彩时代公司就明确了本系列教材编写的定位和价值取向。1＋X证书制度作为完善现代职业教育体系、健全国家职业教育结构、提高人才培养质量的重大举措，其配套教材需围绕解决职业教育发展供需结构不平衡、供给结构与就业需求结构不匹配、高层次技术技能人才培养能力不足、就业市场技术技能人才供需结构性矛盾以及区域发展不平衡等问题来实施开发。特别是在《人物化妆造型职业技能等级标准》框架的指引下，教材内容需要遵循行业发展规律，形成人物化妆造型职业教育发展与消费服务升级良性互动的格局。

本系列教材从2020年6月启动开发和编写工作，在全国美发美容职业教育教学指导委员会的指导以及教材编写委员会、审定委员会的共同努力下，历时11个月完成了全部内容的编写和配套教学资源的摄录工作。在出版前的审定过程中，专家们认为本系列教材作为人物化妆造型职业教育教学资源的重要补充，呈现出如下几个特点：

一是政治导向鲜明。习近平总书记在全国教育大会上指出，培养什么人，是教育的首要问题。作为院校学生获得知识、技能的主要载体，教材应将立德树人作为立身之本，并体现出行业在新经济、新业态、新技术背景下对人才培养提出的更高要求。本系列教材将学习者职业素质的培养作为首要任务，将人物化妆造型从业者应具备的工匠精神有机渗入教学过程中，力求实现思想政治教育与技术技能培养相结合，潜移默化地把思想政治与职业素养教育融入技术技能培养之中。

二是教材开发的力量更加多元化。本系列教材编写团队不是单纯地依赖职业院校，而是逐渐形成了学校教师、行业专家、企业骨干技术人员、教育科研专家共同参与的编写机制。教材编写主动对接行业标准、职业标准和企业标准，注重根据工作实际设计满足教学需要的项目、情景，力求实现人物化妆造型1+X证书的课证融通、书证融通。

三是教材内容的呈现形式更加灵活。情景式、案例式、项目式、任务式的编排成为本系列教材主要的体例呈现方式。同时本系列教材结合《人物化妆造型职业技能等级标准》对各项技能的难易程度进行划分，将任务分为明确任务、拓展任务和高阶任务等应用层次，增强了学习的灵活性和开放性，更容易调动学习者参与考培的积极性。

四是教材配套的教学资源更加丰富。众所周知，人物化妆造型知识和技能的学习需配套优良的视觉传达系统，高质量的图片和视频是学习者学习的重要保障。本系列教材配套的相关资源均为色彩时代公司原创并组织团队专门开发，其清晰度和美观度在同类教材中具有一定的先进性。其中教学辅助视频仅需用手机扫描各任务中的二维码即可获取，将极大提升教与学的整体效率。

尽管本系列教材呈现出上述的特色和亮点，但因编写、出版教材经验不足，教材内容依然存在着不少的疏漏之处，欢迎行业内外尤其是试点院校的专家、师生给予批评指正，以便未来对教材进行修订和完善。借此，向关心和支持人物化妆造型职业教育教学工作有关部门的领导们表示感谢，也要对参与教材编写和审定的专家们表示感谢。

北京色彩时代商贸有限公司
2021年9月30日

目录

项目一

妆前准备

项目二

化妆服务

项目三

造型服务

项目一

妆前准备

作为服务行业的从业人员，首先应该坚持正确的政治方向和价值导向，在习近平新时代中国特色社会主义思想指导下，爱岗敬业、诚信友善，体现社会主义核心价值观，在服务中做到提前到岗，严格遵守与顾客的约定，保持健康正面的个人职业形象，使用规范的语言、正面的肢体语言进行职业化交流与沟通。化妆师需带妆上岗，着工作服，戴口罩，在顾客到来之前，安排并与化妆助理一起清洁化妆区域和化妆用具，检查化妆用品是否充足。

素养目标

1. 具备遵守国家的法律、法规、行业规范的职业精神；
2. 具备遵守企业的规章制度和职业守则的职业道德；
3. 具备正确认知职业和行业的自我职业认同感；
4. 使用礼貌用语及得体方式迎接顾客，能按照服务流程妥善安排顾客，为顾客介绍服务项目及服务内容；
5. 注重仪表，注重个人及工作区域的卫生，具备劳动精神。

知识目标

1. 能正确识别、选择和安全使用合法合规的化妆产品；
2. 了解脸型分类、皮肤类型分析的知识；
3. 了解面部比例关系，能对顾客“三庭五眼”比例关系进行测量，理解局部与整体的比例关系；
4. 了解化妆与面部基本形态的关系，能通过观察顾客相貌特点判断人物性格，找出脸型与五官的优缺点；
5. 了解化妆与头部骨骼结构的关系，能通过观察顾客头部骨骼结构中五官起伏、凹凸变化找出主要骨点位置。

技能目标

1. 能对顾客信息进行登记、整理、汇总、分类和归纳；
2. 能正确使用卫生、清洁、消毒工具、器皿及设备；
3. 能在服务过程中保护自己和顾客的健康（例如传染病预防、基础应急急救、健康职业形象及职业习惯等），能规范存取化妆产品，安全使用化妆造型工具；
4. 能通过观察、语言交流对顾客的消费心理类型进行判断；
5. 能通过顾客年龄、皮肤状况、个人喜好等信息，选择适宜的化妆品；
6. 能通过顾客诉求，进行主题定位。

任务一 | 职业健康维护

一、任务描述

1. 化妆前准备的内容
2. 化妆前基本护肤步骤

二、任务实施

1. 任务分析

化妆前的准备工作是化妆必不可少的程序，只有这样，才能使化妆工作有序进行。化妆前的准备做得完备，是顺利完成整个化妆工作的重点。是否能有条不紊地完成化妆的每个程序，是判定一名化妆师是否专业及优秀的基本标准。

2. 化妆前的准备

（1）化妆台的准备

化妆台的台面应能摆放下化妆时所需的全部物品，化妆台上要有一面大小适中且清晰度高的镜子，台前放置一把化妆椅（图1-1-1）。

（2）灯光的准备

化妆台要配有照明设备，化妆时所采用灯光的好坏会直接影响化妆效果。选用灯光要注意以下几点（图1-1-2）：化妆时的灯光要与化妆对象在化妆后所处环境的光线接近，这样才能保证化妆效果不发生变化；灯光的照射角度很重要，化妆时的光线应从正前方照射，过高或过低的光线会使人的面部出现阴影，从而影响化妆效果。

图1-1-1

图1-1-2

（3）化妆用品及用具的准备

将化妆时所需的化妆用品和用具按其使用顺序放在远近不同、取放方便的位置，并摆放整齐（图1-1-3）。将眼影盒、粉盒、化妆套刷等化妆品及用具打开，平放于化妆台上；将笔类化妆品削好放入笔筒；将口红刷用乙醇消毒；将海绵用水浸湿呈半潮状态。

图1-1-3

（4）其他准备工作

请化妆对象入座，用发带或发卡将其头发整理好，并在其胸前围一条化妆毛巾（图1-1-4）。之后，化妆师用乙醇对双手进行消毒（图1-1-5）。

（5）化妆时的站姿

化妆师应站在化妆对象的右侧，并始终保持这个位置。化妆师在进行化妆时左手背后，不能将手放在化妆对象的头部、肩部，以免化妆对象有不适的感觉。化妆师要与化妆对象保持一定的距离，不能将身体靠在化妆对象的身上。在化妆过程中，要随时通过镜子检查化妆效果，而不能面对面进行检查，以免影响整体效果（图1-1-6）。

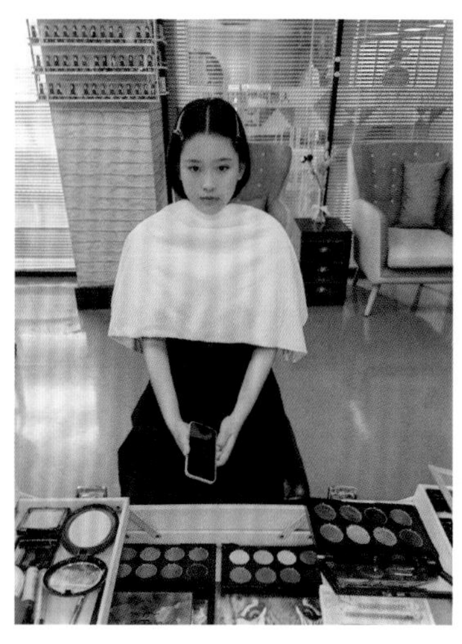

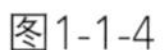

图1-1-4

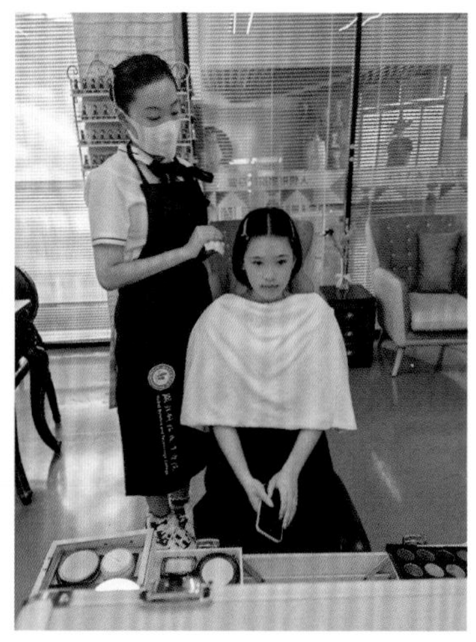

图1-1-5

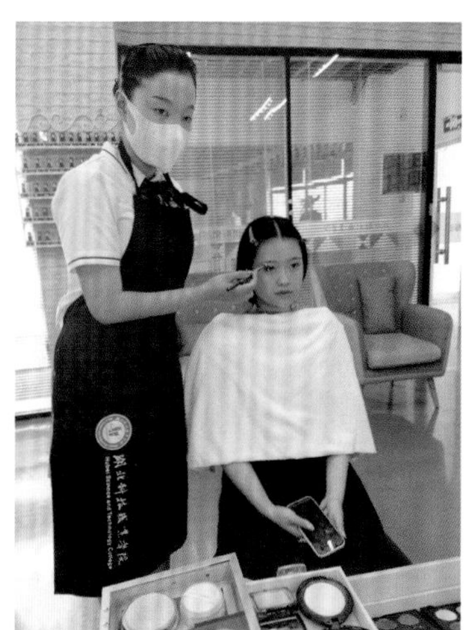

图1-1-6

3. 职业健康维护实施

（1）清洁皮肤

皮肤上总是难免沾有一些粉尘、油脂或者皮肤代谢的废物。将皮肤清洁干净（图1-1-7），才能让后续的保养品得到更好的吸收。

（2）充分补水

洗完脸后要用化妆棉蘸取化妆水擦拭皮肤，这是为了给皮肤营造一个补水环境，并调整皮肤状态（图1-1-8）。

（3）敷保湿面膜

很多人的底妆都会浮粉，这是皮肤过于干燥的表现。要想及时地改变皮肤干燥的状态，可以敷一下保湿面膜。一般会简单地敷个面膜，10分钟就好，随后再用化妆棉蘸取化妆水擦拭按压皮肤（图1-1-9）。

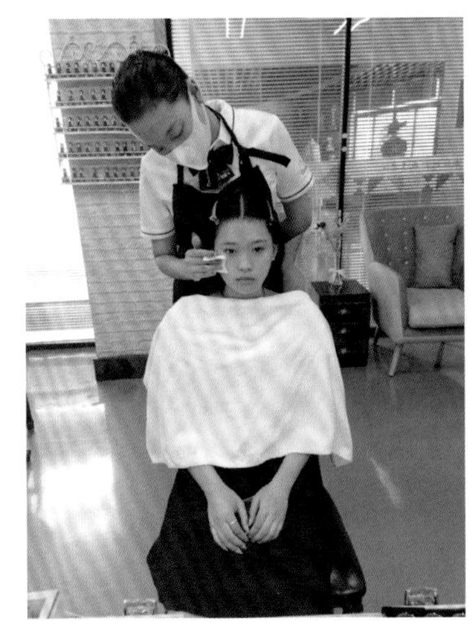
图1-1-7

图1-1-8

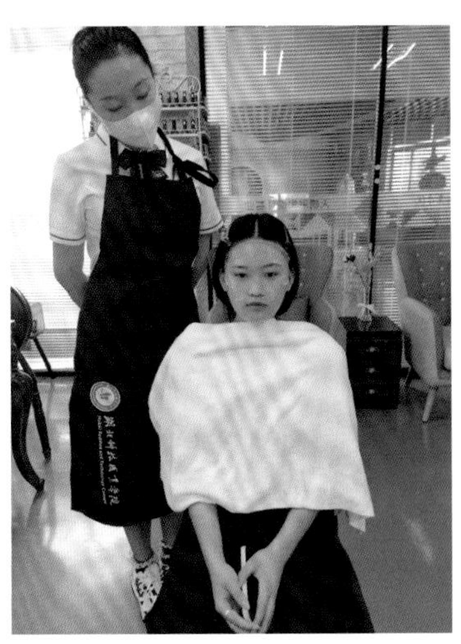
图1-1-9

（4）湿敷眼唇

用蘸有化妆水的化妆棉敷于眼部，闭目养神10分钟，同时在嘴唇上涂上厚厚的润唇膏（图1-1-10）。

（5）涂保湿霜

眼部涂眼霜，面部涂满保湿霜，首先要将双手涂上保湿霜，手掌做好保湿后再用保湿霜涂面部（图1-1-11）。

（6）面部按摩

按摩不仅有助于保湿成分充分吸收，而且能促进皮肤的新陈代谢。在按摩面部的时候，颈部也不要错过（图1-1-12）。

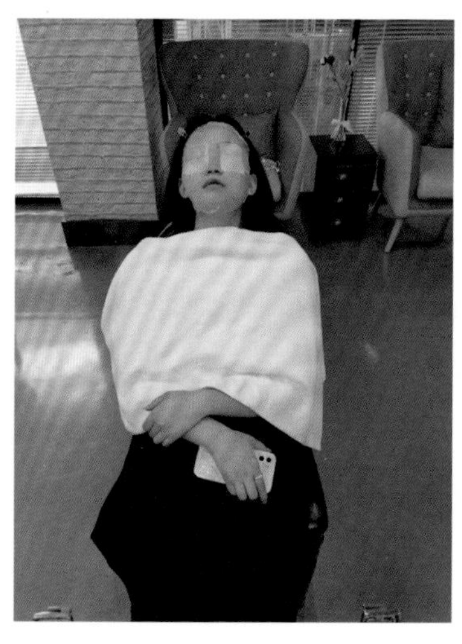
图1-1-10

图1-1-11

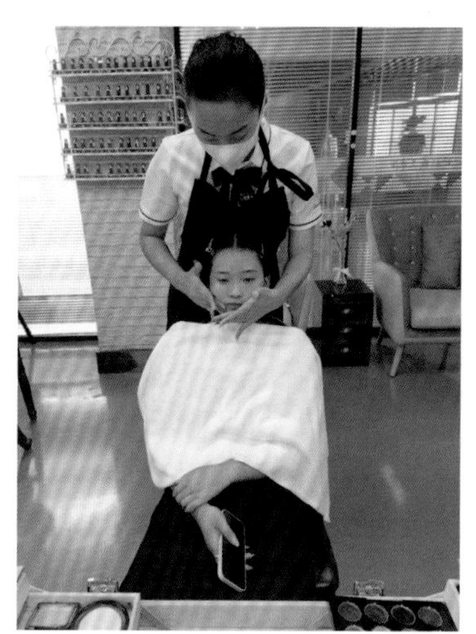
图1-1-12

4. 注意事项

化妆前要做好补水和保湿工作，并涂抹防晒霜。无论是干性皮肤还是油性皮肤，做好补水保湿都是非常重要的。干性皮肤可以使用滋润的化妆水和面霜，油性皮肤则可以使用收敛水和乳液。如果是白天，还需要涂抹防晒霜，再进行化妆。

如果是特别干的皮肤，可以在妆前先敷面膜，这样可以为皮肤快速补充水分。敷完面膜后，将脸上残留的精华液按摩至吸收，如果还有残余则拍打至吸收，然后就可以涂抹化妆水了。

三、效果评价

化妆师能按照职业规范做好妆前准备工作，并根据顾客的皮肤状况准备化妆用品，为顾客提供面部清洁、按摩护理等妆前服务，使顾客上妆前拥有完美肌肤。

四、技能操作

1. 熟记化妆师工作流程及标准
2. 能正确选择和使用各种化妆工具
3. 培养化妆师应具备的职业能力与职业精神

任务二｜顾客接待及信息采集

一、任务描述

1. 顾客接待注意事项
2. 顾客接待流程
3. 顾客信息采集

二、任务实施

1. 任务分析

化妆师给顾客化妆需要近距离接触，并且还要面对面，有时还要与顾客交流。如果说化妆师有口腔异味或者体味，会让顾客感到很难受，并且在化妆的过程中，要注意与顾客交流，很多时候化妆时与顾客交流会有利于把妆容画得更好。化妆师要养成良好的习惯——每次化妆后要做好工具的清洁工作，不仅可很好地保护工具，延长工具寿命，下次化妆时拿出来也会给人干干净净的感觉。化妆时在保证化妆质量的情况下，一定要动作麻利。

2. 顾客接待流程

① 使用礼貌用语及得体方式迎接顾客。

② 按照服务流程妥善安排顾客。

③ 为顾客介绍服务项目及服务内容。

④ 填写顾客资料并进行登记。

3. 顾客信息采集

① 对顾客信息登记表进行整理、归档。

② 通过观察、语言交流对顾客的消费心理类型进行判断。

③ 通过顾客年龄、皮肤状况、个人喜好等信息，选择适宜的化妆品。

④ 通过顾客诉求，进行主题定位。

三、效果评价

化妆师能按照接待任务流程收集顾客信息，并根据顾客信息情况与其沟通交流，确定顾客的妆容主题风格。

四、技能操作

1. 能熟练并礼貌地和顾客沟通
2. 能正确地判断并选择适合顾客的化妆主题

五、理论习题

（一）选择题

1. 服务仪容的基本要求是（　）。
   A. 清洁、淡妆　B. 浓妆、艳抹　C. 无妆、自然　D. 清洁、化妆
2. 良好服务态度最基本的表现是（　）。
   A. 热情　B. 礼貌　C. 主动　D. 耐心
3. 在两人之间的沟通过程中，有（　）的信息是通过体态语言来表达的。
   A. 35%　B. 45%　C. 55%　D. 65%
4. 调查人员通过直接观察和记录调查对象的言行来收集信息资料属（　）。
   A. 问卷调查　B. 观察调查　C. 实验调查　D. 案头调查

（二）判断题

1. 服务过程中表情语言要求：真诚自然、适度得体、协调专一。（　）
2. 在服务交际中，化妆师必须随时留意自己的表情，以便顾客能正确理解自己的意思。（　）
3. 化妆师的语言必须灵活，“以明其心，顺其意”，使顾客高兴而来，扫兴而去。（　）
4. 为了得到合适的妆面，化妆前应对化妆对象的服饰进行了解。（　）
5. 顾客调查是指为了满足顾客需要，了解顾客需求而开展的一种调查活动。（　）
6. 在与顾客沟通的整个过程中，顾客并不只是被动地接受劝说、解释和聆听介绍，他们也要表达自己的意见和要求，需要得到服务人员的认真倾听。（　）

（三）简答题

1. 化妆前应做哪些准备工作？
2. 谈谈化妆师应该具备的基本修养。
3. 顾客信息收集的方法有哪些？

任务三 | 五官分析

一、任务描述

1. 对顾客“三庭五眼”比例关系进行测量
2. 通过观察顾客相貌特点判断人物性格
3. 通过观察顾客头部骨骼结构中五官起伏、凹凸变化找出主要骨点位置
4. 熟知肌肉走向与产生表情的关系

二、任务实施

1. 任务分析

化妆师能掌握形象设计的各个基本要素，根据顾客自身的五官特点、气质条件以及行业特定要求进行妆面化妆。

2. 进行测量

对顾客“三庭五眼”比例关系进行测量，理解局部与整体的比例关系。

3. 脸型与五官分析

观察顾客相貌特点，判断人物性格，找出脸型与五官的优缺点。观察顾客头部骨骼结构中五官起伏、凹凸变化，找出主要骨点位置。熟知肌肉走向与产生表情的关系，了解不同年龄阶段肌肉的衰老程度。

根据面部轮廓，脸型可分为蛋形、圆形、方形、正三角形、倒三角形、长形和菱形七种类型。人的脸型与先天和后天的诸多因素有关，随着年龄、体型和习惯的变化，脸型也会有所不同。通常女性的脸型我们按照上述七种类型来区分，而男性的脸型可以直接按照圆形、方形、倒三角形和长形四种类型来区分。化妆技巧无论男女都是一样的，只是在选择粉底用色上有所区分，下面我们对这七种脸型进行具体分析。

（1）蛋形脸

世界各国均认为“瓜子脸、鹅蛋脸”是最美的脸型。从标准脸型的美学标准来看，面部长度与宽度的比例为1.618：1，这也符合黄金分割比例。标准脸型给人以视觉美感，我国用“三庭”“五眼”作为五官与脸型相搭配的美学标准：“三庭”是把人的面部长度分为三等分，外鼻长度正好是其中的三分之一；“五眼”是把人的面部宽度分为五等分，眼睛的宽度正好是其中的五分之一。现实中完全符合美学标准的脸型比较少见，大多数人的脸型都有这样或者那样的缺陷，在对以下其他脸型的修饰中，均以蛋形脸（图1-3-1）为标准，在保留自身个性美的基础上向其靠拢，起到修饰矫正作用。

图1-3-1

（2）圆形脸

面颊圆润，面部骨骼转折平缓无棱角，脸的长度与宽度的比例小于4：3，给人珠圆玉润、亲切可爱的视觉感受，反之，也会给人肥胖或缺少威严的感觉（图1-3-2）。

修饰方法如下（图1-3-3）。

① 面部修饰：用暗影色在两颊及下颌角等部位晕染，削弱脸的宽度，用高光色在额骨、眉骨、鼻骨、颧骨上缘和下颏等部位提亮，加长脸的长度和增强面部立体感。

② 眉部修饰：眉头压低，眉尾略扬，画出眉峰，使眉毛挑起上扬而有棱角，削弱脸的圆润感。

③ 眼部修饰：在外眼角处加宽、加长眼线，使眼形拉长。

④ 鼻部修饰：拉长鼻形，用高光色从额骨延长至鼻尖，必要时可加鼻影，由眉头延长至鼻尖两侧，增强鼻部立体感。

⑤ 腮红修饰：由颧骨向内斜下方晕染，强调颧弓下陷，增强面部立体感。

⑥ 唇部修饰：强调唇峰，画出棱角，下唇底部平直，削弱面部圆润感。

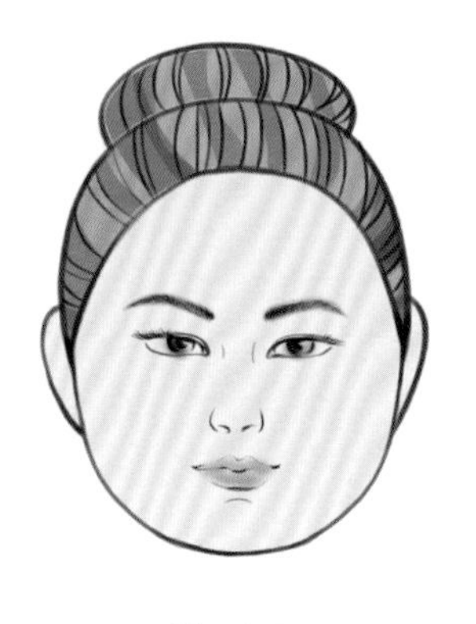

图1-3-2

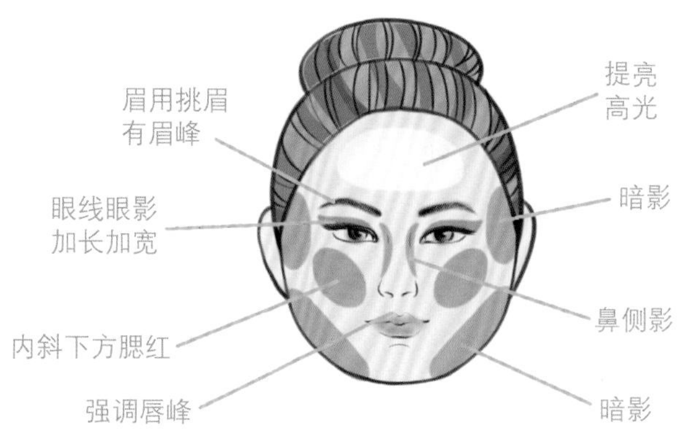

图1-3-3

（3）方形脸

额角与下颌角较方，转折明显，虽然使人看起来正直、刚毅、坚强，但是不柔和，有点男性化（图1-3-4）。

修饰方法如下（图1-3-5）。

① 面部修饰：用高光色提亮额中部、颧骨上方、鼻骨及下颏，使面部中间部分突出，忽略脸型特征。暗影色用于额角、下颌角两侧，使面部看起来圆润柔和，也可借助刘海和发带遮盖额头棱角。

② 眉部修饰：修掉眉峰棱角，使眉毛线条柔和圆润，呈拱形，眉尾不宜拉长。

③ 眼部修饰：强调眼线圆滑流畅，拉长眼尾并微微上挑，增强眼部妩媚感。

④ 腮红修饰：颧弓下陷处用暗色腮红，颧骨上用淡色，斜向晕染，过渡处要衔接自然，可使面部有收缩感。

⑤ 唇部修饰：强调唇形圆润感，可用粉底盖住唇峰，重新勾画。

图1-3-4

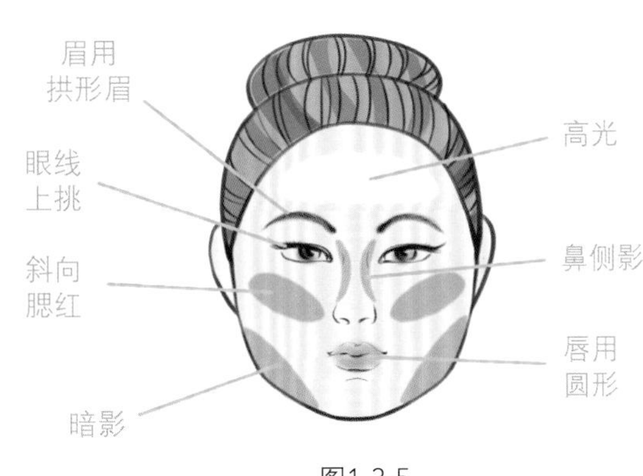

图1-3-5

（4）长形脸

“三庭”过长，两颊消瘦，脸的长度与宽度的比例大于4∶3，这种脸型给人沉着、冷静、成熟的感觉（图1-3-6）。

修饰方法如下（图1-3-7）。

① 面部修饰：用高光色提亮眉骨、颧骨上方，鼻上高光色加宽但不延长，增强面部立体感。暗影色用于额头发际线下和下颏处，注意衔接自然，这样在视觉上可使面部缩短一些。

② 眉部修饰：修掉挑高的眉峰，使眉毛平直，不宜过细，拉长眉尾，这样可拉宽、缩短面部。

③ 眼部修饰：加深眼窝，眼影向外眼角晕染，拉长、加宽眼线，使眼部妆面立体，眼睛大而有神，忽略面部长度。

④ 鼻部修饰：用高光色把鼻梁加宽，面积宽而短，收敛鼻子长度，不宜加鼻影。

⑤ 腮红修饰：应横向晕染，由鬓角向内横扫至颧骨最高点，用横向面积削弱面部的长度感。

⑥ 唇部修饰：唇形宜圆润饱满。

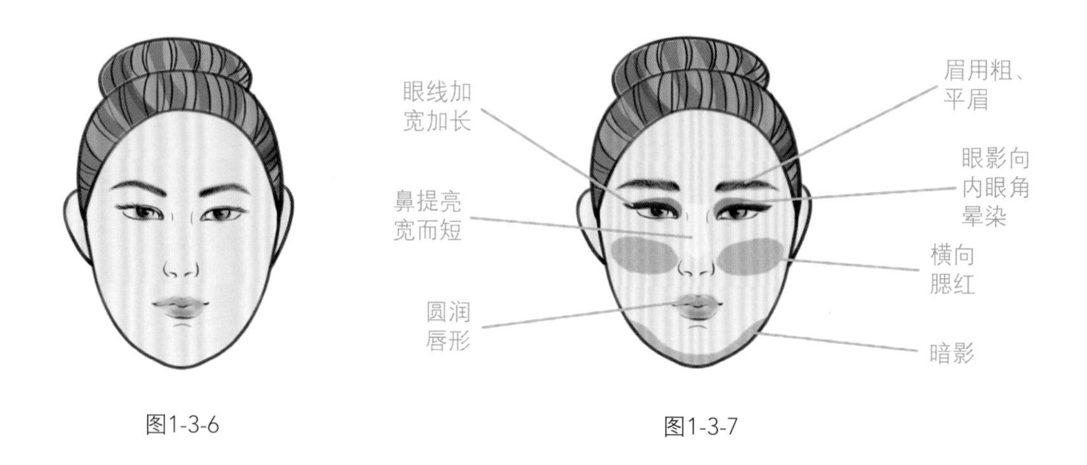

图1-3-6　　图1-3-7

（5）正三角形脸

正三角形脸额部窄，下颌较宽大，也称梨形脸，给人感觉富态，柔和平缓（图1-3-8）。

修饰方法如下（图1-3-9）。

① 面部修饰：可于化妆前开发际，除去一些发际边缘的毛发，使额头变宽，用高光色提亮额头眉骨、颧骨上方、太阳穴、鼻梁等处，使脸的上半部明亮、突出、有立体感。用暗影色修饰两腮和下颌骨处，收缩脸下半部的体积感。

② 眉部修饰：使眉距稍宽，眉不宜挑，眉形平缓拉长。

③ 眼部修饰：眼影向外眼角晕染，眼线拉长，略上挑，使眼部妆面突出。

④ 鼻部修饰：鼻根不宜过窄。

⑤ 腮红修饰：由鬓角向鼻翼方向斜扫。

⑥ 唇部修饰：口红颜色宜淡雅自然，让人在视觉上忽略脸的下半部。

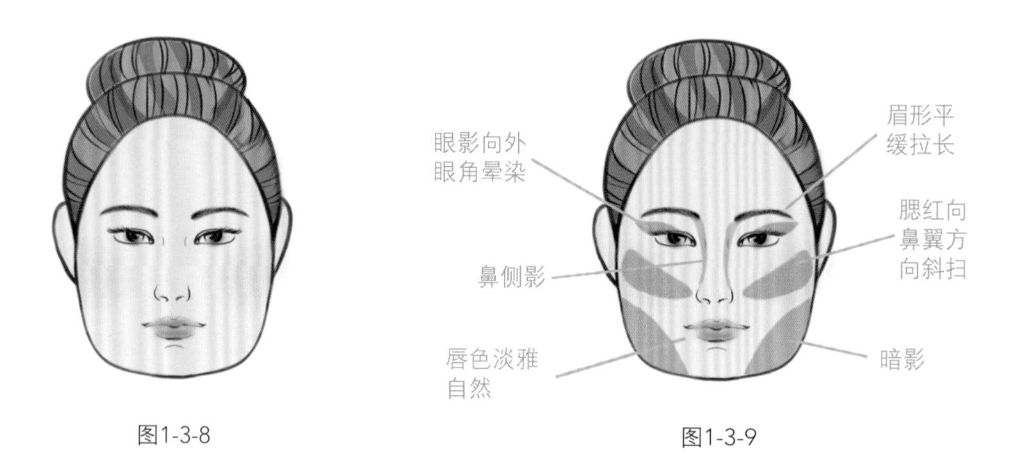

图1-3-8　　图1-3-9

（6）倒三角形脸

额头较宽，下颌较窄，下颏尖，是一种比较好看的脸型，缺点是会给人以病态美感（图1-3-10）。

修饰方法如下（图1-3-11）。

① 面部修饰：用高光色提亮面颊两侧，使两颊看起来丰满一些，用暗影色晕染额角及颧骨两侧，使脸的上半部收缩一些，注意粉底自然过渡。

② 眉部修饰：眉形应圆润微挑，不宜有棱角，眉峰在眉毛3/2 向外一点。

③ 眼部修饰：眼影晕染重点在内眼角上，眼线不宜拉长。

④ 腮红修饰：宜用淡色腮红横向晕染，增强面部丰润感。

⑤ 唇部修饰：唇圆润饱满。

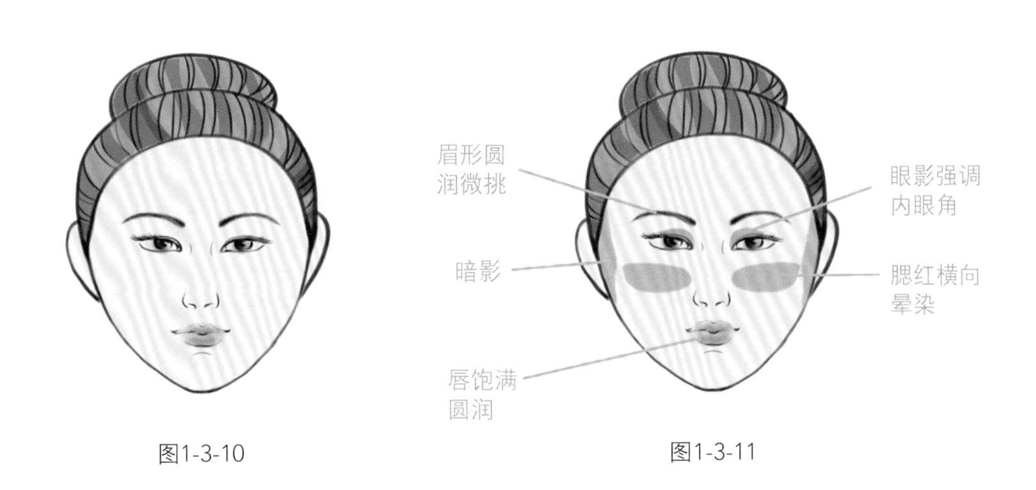

图1-3-10　　图1-3-11

（7）菱形脸

额头较窄，颧骨凸出，下颏窄而尖，这种脸型比较难选发型，易给人缺乏亲和力、尖锐、敏感的印象（图1-3-12）。

修饰方法如下（图1-3-13）。

① 面部修饰：用阴影色修饰高颧骨和尖下巴，削弱颧骨的高度和下巴的凌厉感，在两额角和下颌两侧提亮，可以使脸型显得圆润一些。

② 眉部修饰：适合圆润的拱形眉，削弱脸上的多处棱角。

③ 眼部修饰：眼影应向外晕染，拓宽颞窝处宽度，眼线也要适当拉长上挑。

④ 鼻部修饰：加宽鼻梁处高光色，使鼻梁挺阔。

⑤ 腮红修饰：腮红应自然清淡，不宜突出，可以省略。

⑥ 唇部修饰：唇形宜圆润一些，不可有棱角，可选略鲜艳唇色，吸引对不完美脸型的注意力。

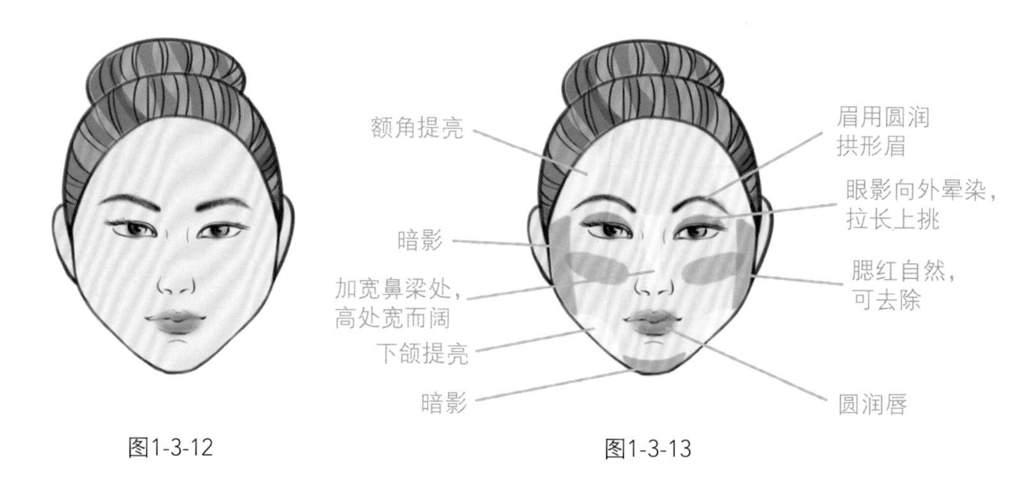

图1-3-12　　图1-3-13

三、效果评价

化妆师能根据顾客的脸型进行五官分析，塑造面部五官的立体结构感；运用矫形手段对顾客五官进行扬长避短式的化妆，塑造顾客端庄高贵的形象。

四、技能操作

1. 分析七种脸型与五官的比例关系
2. 完成一个完整的矫正化妆

五、理论习题

（一）填空题

1. 方形脸的特点是________与________，虽然使人看起来正直、刚毅、坚强，但是不柔和，有点男性化。

2. 菱形脸的基本特征是________，颧骨凸出，________，这种脸型比较难选发型，易给人缺乏亲和力、尖锐、敏感的印象。

3. “三庭”是把人的________分为三等分，外鼻长度正好是其中的________。

4. “五眼”是把人的________分为五等分，眼睛的宽度正好是其中的________。

5. 圆形脸的面部修饰：用暗影色在______及______等部位晕染，削弱脸的______。

6. 圆形脸的眉部修饰：眉头______，眉尾______，画出眉峰，使眉毛挑起上扬而有棱角，削弱脸的圆润感。

7. 方形脸的眼部修饰：强调眼线_____，_____眼尾并微微上挑，增强眼部妩媚感。

（二）简答题

1. 生活中常见的七种典型脸型有哪些？
2. 长形脸的修饰方法有哪些？
3. 三角形脸分为正三角形脸和倒三角形脸，它们的修饰方法分别是什么？

项目二 化妆服务

化妆师在服务过程中应体现专业精神、职业精神与工匠精神。化妆师应提前做好化妆工具的摆台、消毒工作，能根据顾客所需场合、肤色、五官特点、气质条件和特定要求进行妆面设计，能根据人物、服装特点，结合主题进行适宜的面部化妆。

素养目标

1. 具备一定的审美与艺术素养；
2. 具备一定的语言表达能力和与人沟通能力；
3. 具备良好的职业道德精神；
4. 具备敏锐的观察力与快速应变能力；
5. 具备较强的创新思维能力。

知识目标

1. 了解职业女性化妆、中式新娘化妆、西式新娘化妆、社交性晚宴化妆、演示性晚宴化妆的特点和注意事项，能分析不同场合和场合内的女性人物造型的特点；
2. 能掌握职业女性形象设计的各个基本要素，了解形象设计的意义；
3. 能够识别和避免职业化妆常见误区；
4. 掌握各种妆容的内涵知识与化妆技能的灵活运用，为今后的工作奠定坚实的基础；
5. 了解TPO原则，掌握化妆工具的摆台、消毒和化妆服务的基本流程。

技能目标

1. 能够对使用过的用品按照分类、分色、分新旧的原则进行登记；
2. 掌握各种妆型的底色与脸型轮廓修饰技巧，能对问题性皮肤进行局部遮瑕；
3. 能将基础色、阴影色、高光色三者结合，塑造面部五官的立体结构感；
4. 根据TPO原则，掌握各种场合女性化妆技巧；
5. 根据顾客自身的五官特点、气质条件以及行业特定要求进行妆面设计，掌握五官局部矫形化妆技巧；
6. 能够独立与顾客沟通并进行造型方案制定；
7. 掌握职业女性化妆、中式新娘化妆、西式新娘化妆、社交性晚宴化妆、演示性晚宴化妆技巧。

注：在职业技能等级考核中，男性化妆技巧与知识主要在理论考核中，技能考核点均以女性化妆为主，因此本书中的任务设置及视频案例均以女性示范。

任务一 职业女性化妆

化妆师应通过自己的专业素养，创造正确的时代风尚。职业女性化妆应适用于职业女性的工作特点或与工作相关的社交环境。不同的职场上，合适的妆容可以赢得别人的好感，甚至可以帮助职业女性得到“专业”“能干”的认可。职业新人需要庄重、有亲和力、干练、仪态大方。职业女性除了保持妆容上的洁净优雅之外，还要注意与化妆相关的礼貌礼仪：应当避免过量地使用芳香型化妆品，工作岗位上应当避免当众化妆或补妆，避免当着一般关系的异性的面化妆或补妆，在职场应当力戒与他人探讨化妆问题。

一、任务情景

被服务者：小美　　年龄：28岁　　职业：外企办公室文员

工作内容：协助上司处理日常的行政工作　　场景：春季，在公司办公场合

二、任务实施

1. 制定方案

人物造型定位：其中包括发型定位、妆面定位、服装定位。

微信扫码

1. 职业女性化妆

2. 准备工作

① 为顾客准备化妆品及工具。

② 为顾客准备服饰搭配所需的服装与饰品。

3. 化妆造型实施

第一步　修眉

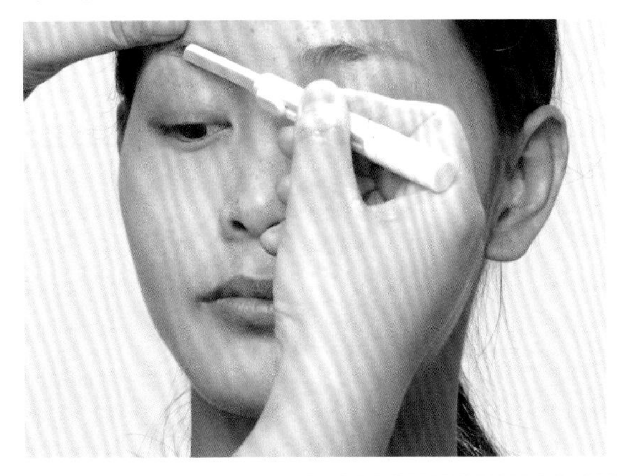

使用修眉刀整理眉形

第二步　妆前隔离

将隔离霜在面部进行均匀涂抹

第三步　底妆塑造

用粉底刷蘸取粉底，在面部抹平

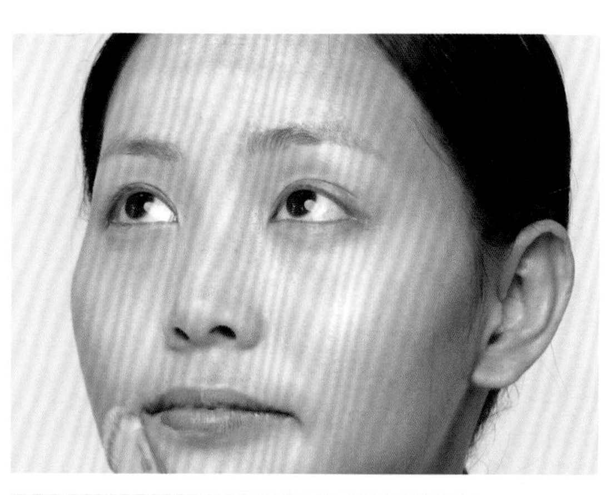

“T”字部位、“V”字部位用浅一号色粉底液，两颊用深一号色粉底液

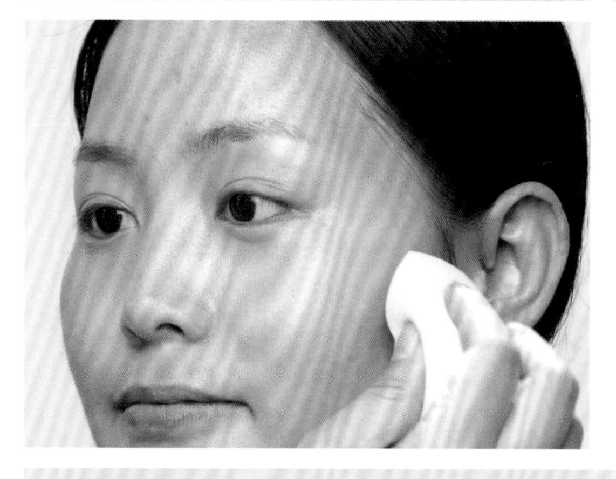

用湿润的美妆蛋进行全脸按压（将两种色号均匀融合，使肤质细腻光滑，色泽自然）

第四步　定妆

用散粉刷蘸取少许定妆粉进行全脸轻扫

第五步　局部遮瑕

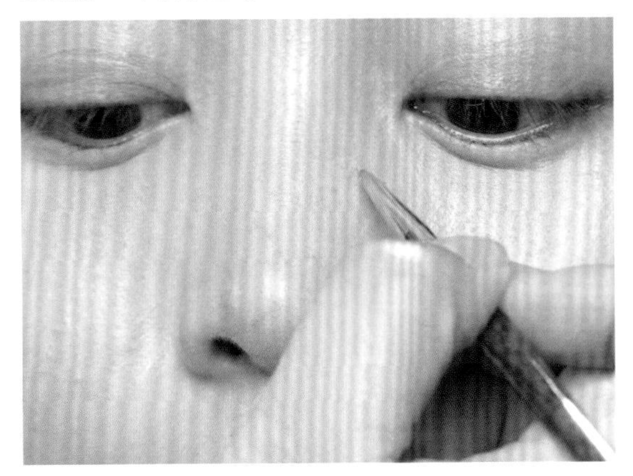

用最小号粉底刷遮盖痘印等瑕疵

第六步　轮廓修饰

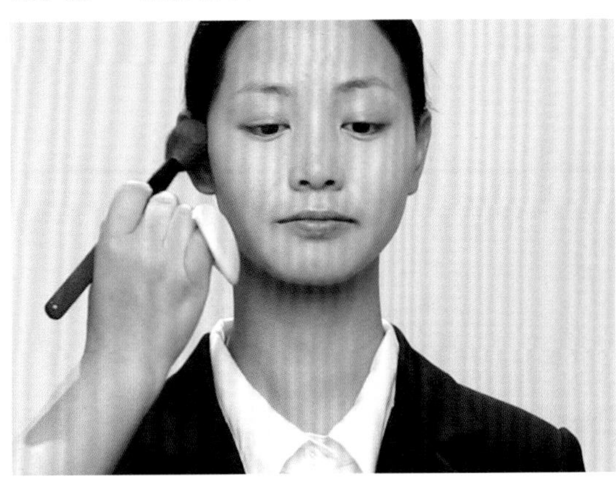

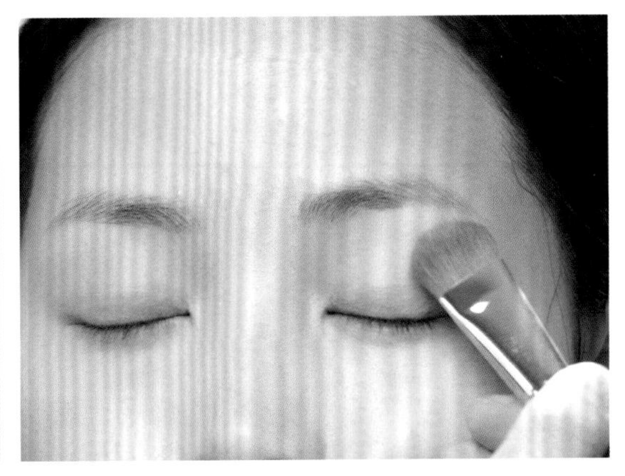

用刷子蘸取少量深色暗影双修粉在双颊进行修饰，用浅色双修粉在面部“T”字部位和眉骨处进行修饰

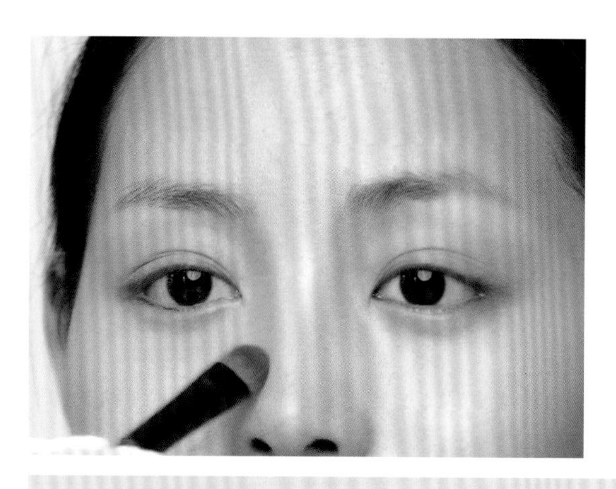

用刷子蘸取少量深色暗影双修粉在双颊进行修饰，用浅色双修粉在面部“T”字部位和眉骨处进行修饰

第七步　眼影塑造

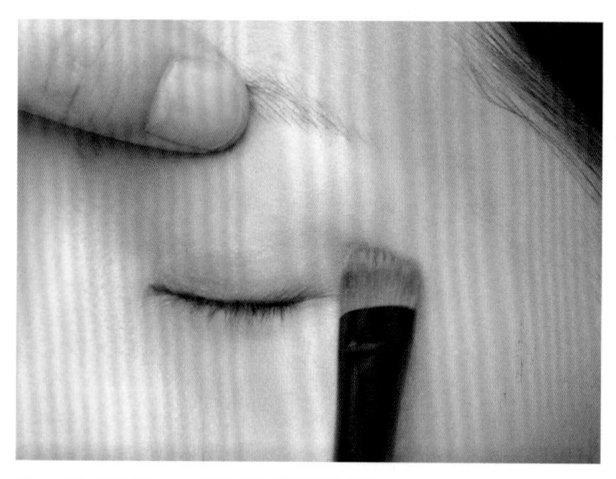

使用大号眼影刷蘸取浅色眼影在眼部打底

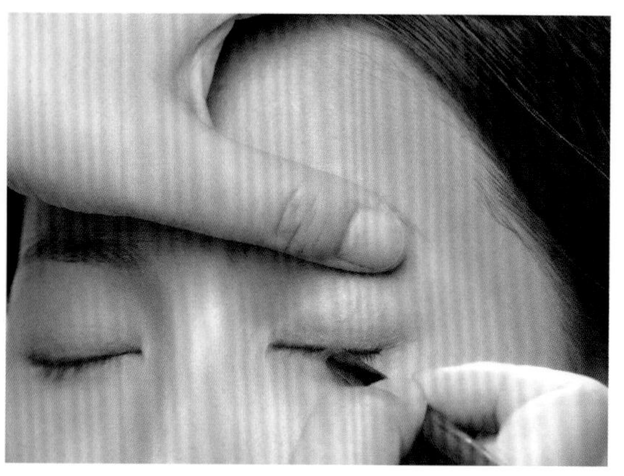

用颜色较浅的眼影进行修饰，要注意：层次深浅有序、过渡均匀

下眼影自然过渡

第八步 眼线塑造

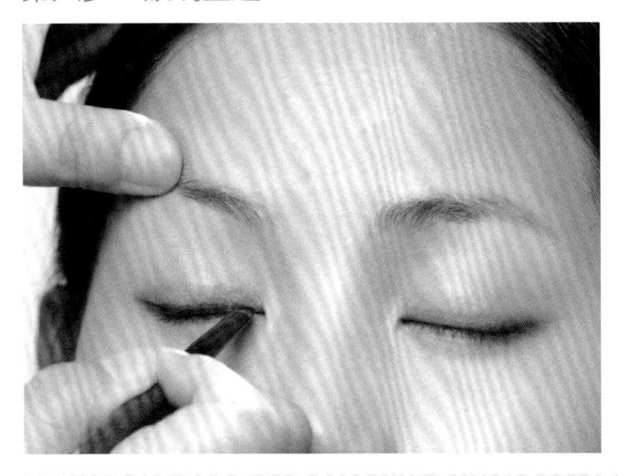

上眼线画得纤细整齐，下眼线可以省略不画或用同色眼影粉在下睫毛根部轻轻晕染，以强调眼睛的清澈透明

第九步 睫毛塑造

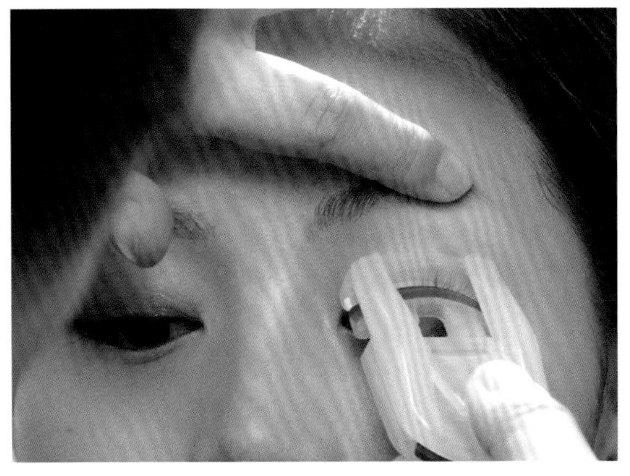

使用睫毛夹夹翘睫毛

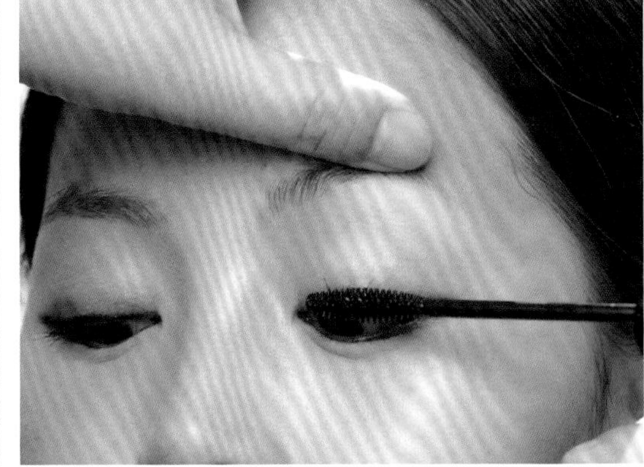

用睫毛膏将夹翘的睫毛定型

第十步 眉形塑造

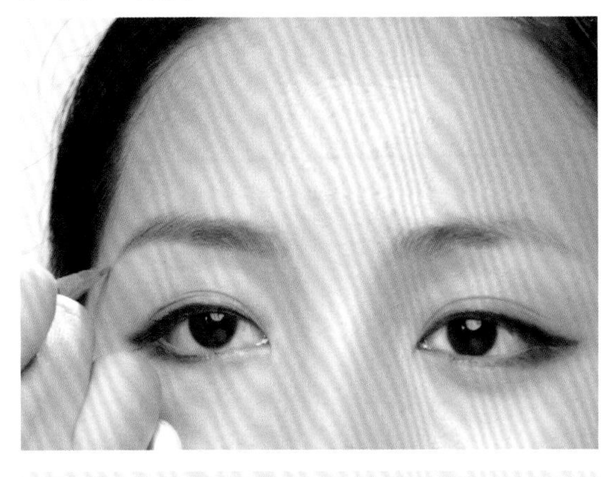

选用灰棕色系眉笔，塑造眉毛底部线条

按照眉毛生长的方向画一条自然的眉

第十一步　唇妆塑造

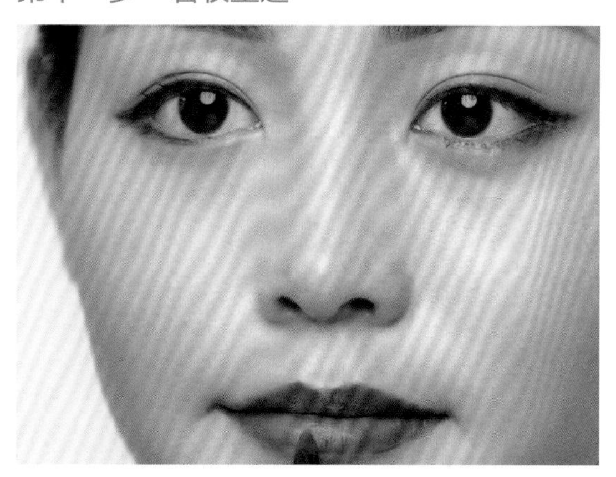

选择与妆色一致的唇色，盖住顾客原本的唇色，塑造自然的唇色

第十二步　腮红塑造

选用裸色系腮红修饰双颊

第十三步　高光提亮

用眼影刷蘸取高光粉在面部“T”字部位、“V”字部位提亮

三、效果评价

① 通过学习掌握职业女性、男性化妆，积累职业女性、男性化妆的造型素材和信息。

② 通过掌握和积累，能根据人物的定位独立完成人物化妆造型设计流程。

四、技能操作

1. 收集并掌握职业女性化妆造型的时尚信息

2. 综合案例分析：黄小姐的脸型呈倒三角形，“二庭”偏短，两眼间距偏宽，请做出化妆方案

五、理论习题

（一）选择题

1. 职业女性化妆应适用于职业女性的（　）。

A. 工作特点或与工作相关的社交环境　　B. 生活环境

C. 家庭环境　　D. 无所谓

2. 职业新人需要庄重、有亲和力、（　）。

A. 楚楚动人　　B. 干练、仪态大方

C. 活泼可爱　　D. 引人注目

3. 职业女性除了保持妆容上的洁净优雅之外，还要注意与化妆相关的礼貌礼仪，以下做法恰当的是（　）。

A. 在公共场合随时准备补妆

B. 在公共场合积极与人讨论化妆问题

C. 应当避免过量地使用芳香型化妆品

（二）简答题

职业女性、男性化妆常用的化妆品主要包括哪些？

任务二　中式新娘化妆

化妆师应了解中国传统婚嫁礼仪、服饰、造型特点，通过专业技术展现中华优秀传统文化之美。在打造中式新娘的化妆造型时，体现传统的同时要有所创新。中式新娘造型大致可以分为汉服新娘造型、秀禾服新娘造型、龙凤褂新娘造型以及旗袍新娘造型四个类别。化妆师在面对不同的新娘时要考虑很多因素，如脸型、发量、发色等。掌握中式新娘妆容造型的常用风格和技法，注重手法及手法之间的组合运用，这样才能使呈现的化妆造型效果更有生命力。

一、任务情景

被服务者：小黄　　年龄：28岁　　场景：结婚当日的妆容

二、任务实施

1. 制定方案

人物造型定位：其中包括发型定位、妆面定位、服装定位。

2. 准备工作

① 为顾客准备化妆品及工具。

② 为顾客准备服饰搭配所需的服装与饰品。

3. 化妆造型实施

第一步　妆前隔离

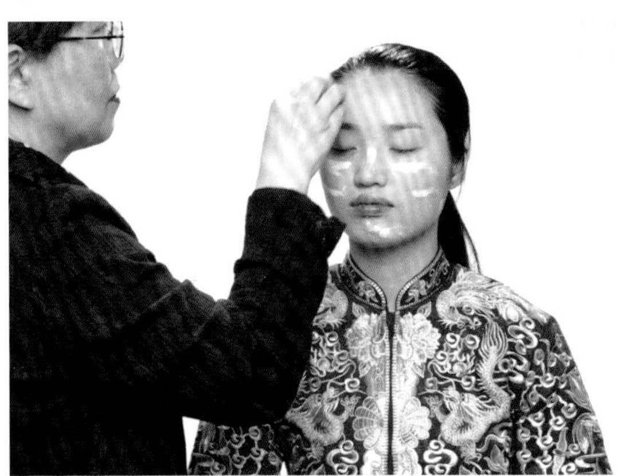

将隔离霜涂抹在整个面部

第二步　底妆塑造

用美妆蛋将粉底膏在全脸涂抹按压

第三步　修容

用珠光散粉在面部定妆提亮，用双修深色阴影修饰轮廓

第四步　腮红塑造

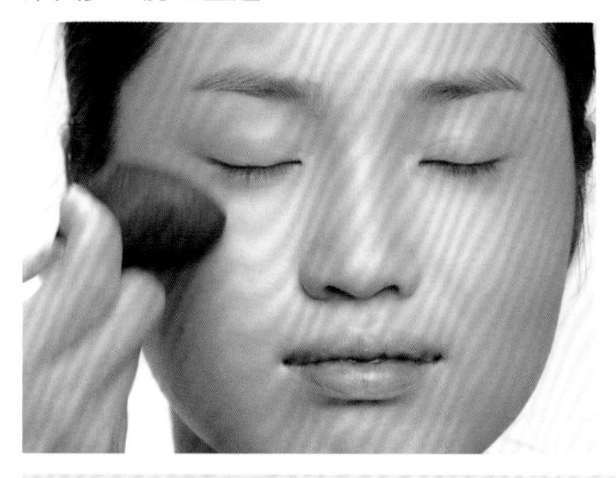

用珊瑚红腮红修饰双颊

第五步 眼妆塑造

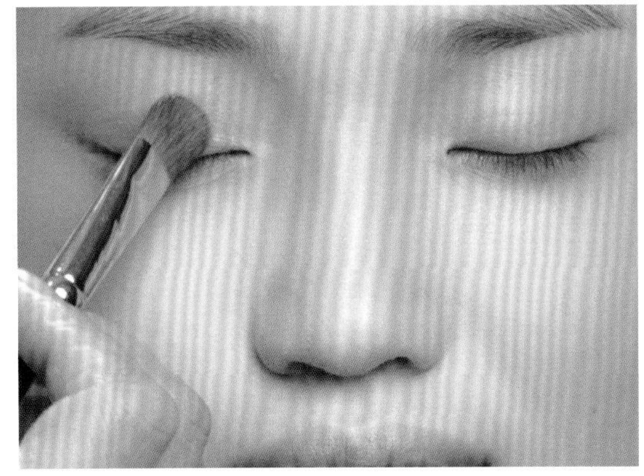
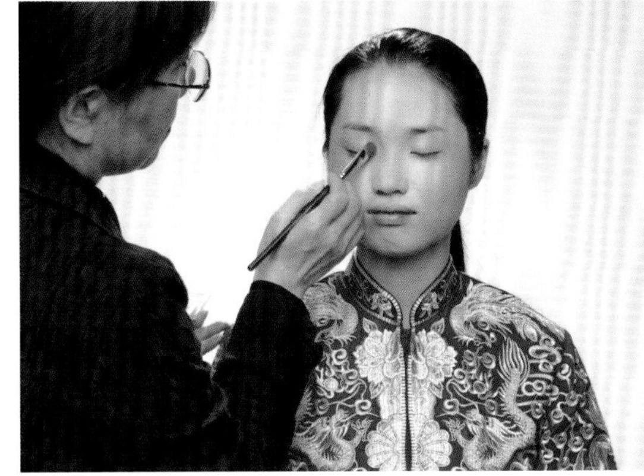

使用金色系眼影修饰眼睑内侧

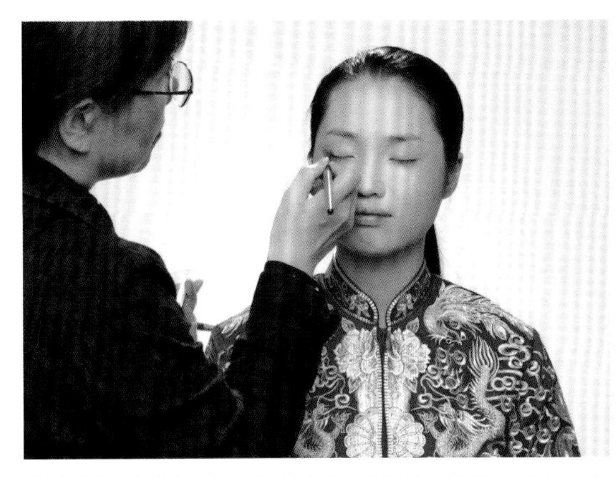
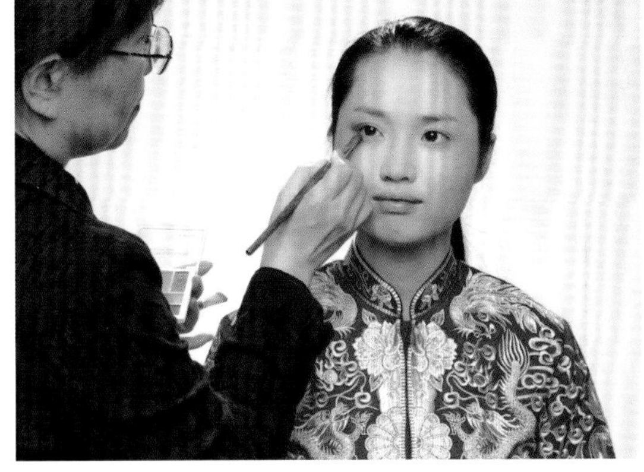

使用金棕红色眼影修饰眼睑外侧

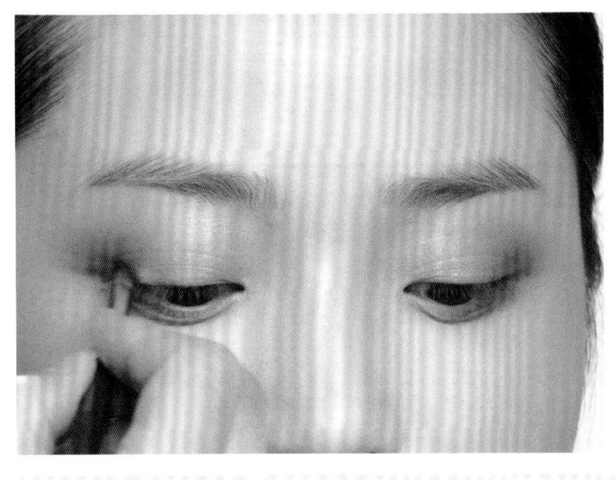
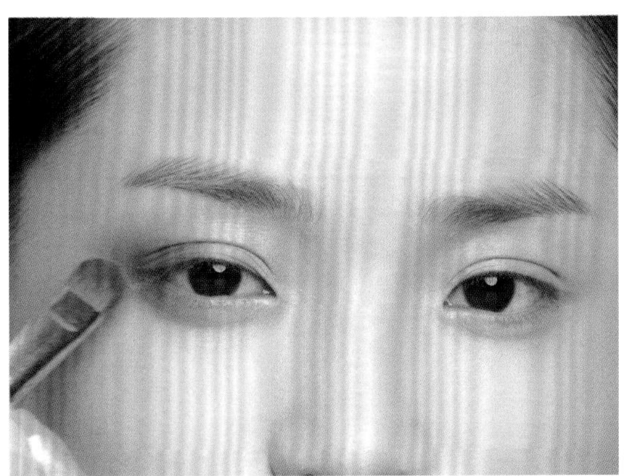

使用深咖色眼影修饰睫毛根部

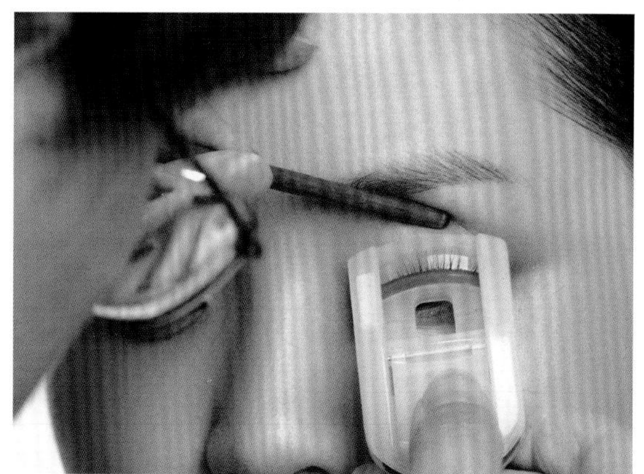

使用睫毛夹沿睫毛根部把睫毛夹翘

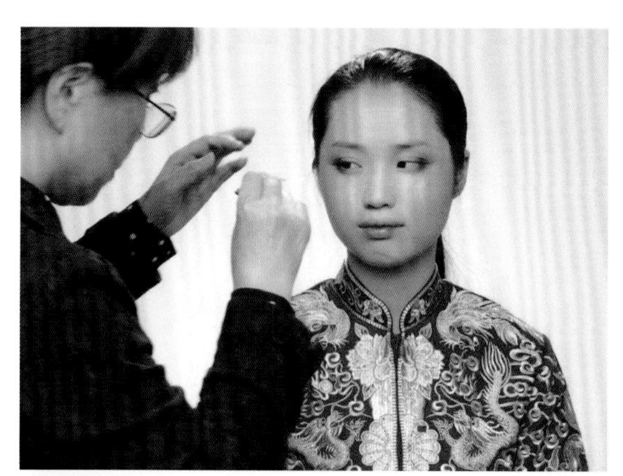
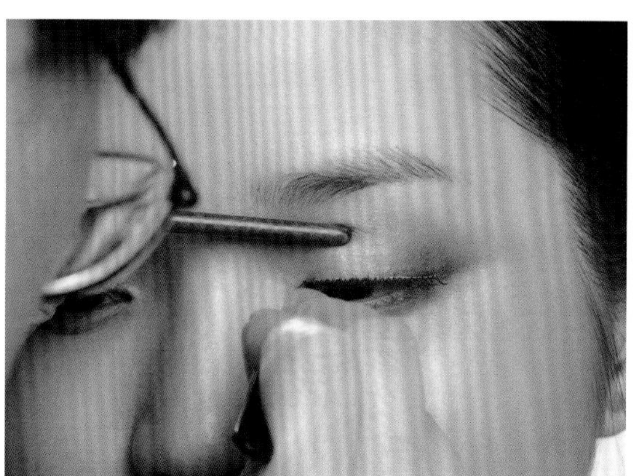
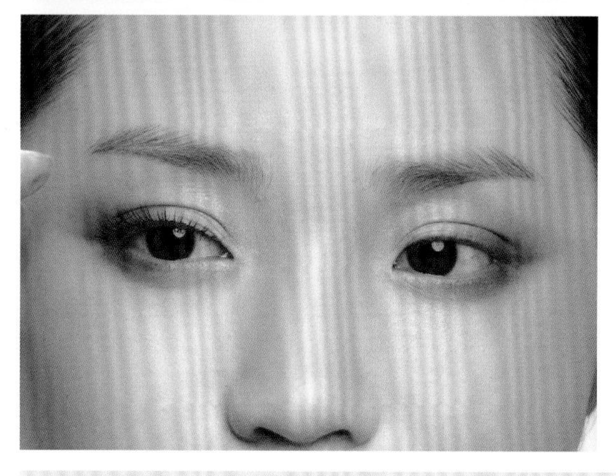

使用睫毛胶将透明梗假睫毛粘贴在睫毛根部

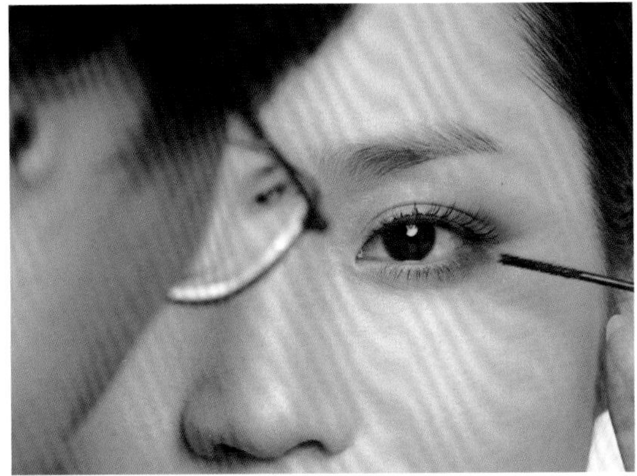

使用睫毛刷刷上睫毛膏

第六步　眉形塑造

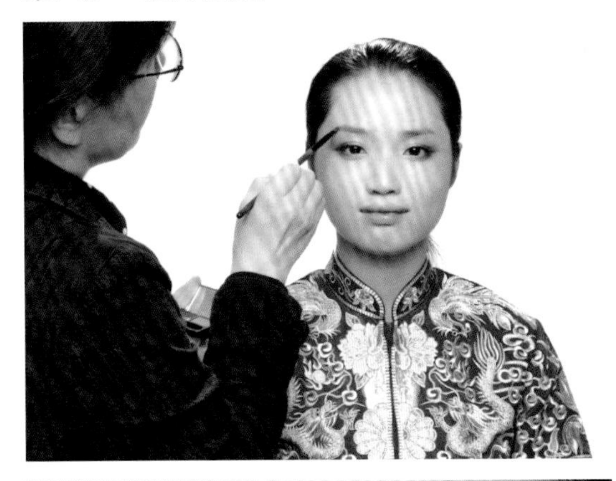

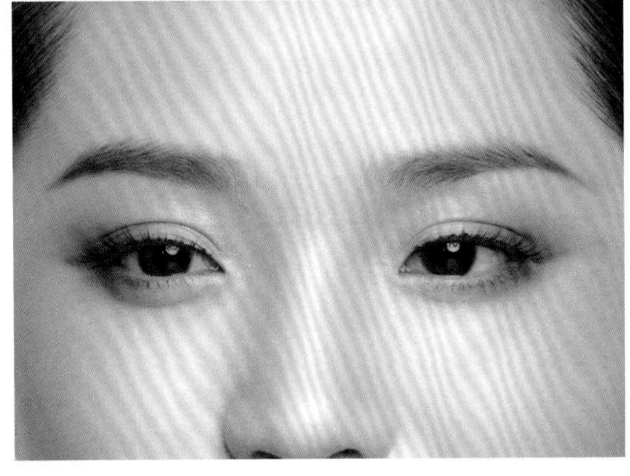

用浅咖、深棕、黑色的眉粉塑造体现古典美的眉形

第七步 唇妆塑造

用金棕红色口红塑造唇形

第八步 发型塑造

用尖尾梳将头顶头发分区，将前额发区中分，把后发区盘成发卷

用尖尾梳将头顶头发分区，将前额发区中分，把后发区盘成发卷

佩戴耳饰、头饰

最后效果

三、效果评价

① 通过学习掌握中式新娘化妆，积累中式新娘化妆的传统造型素材和信息。

② 通过掌握和积累，能根据人物的定位独立完成中式新娘化妆造型设计流程。

四、技能操作

1. 独立完成一个中式新娘妆
2. 收集并掌握中式新娘妆传统化妆造型的时尚信息

五、理论习题

1. 化妆师应了解____________、____________、____________特点，通过专业技术展现中华优秀传统文化之美。

2. 中式新娘造型大致可以分为：__________________、__________________、__________________、__________________四个类别。

3. 化妆师在面对不同的新娘时要考虑很多因素，如____________、______________、__________等。

任务三 | 西式新娘化妆

西式新娘化妆有别于一般的化妆，显得格外慎重，不仅注重脸型、肤色的修饰，化妆的整体表现尤其要自然、高雅、喜气，而且要使妆效持久、不脱落。整体而言，新娘的妆扮，需注重整体美感的呈现，发型、化妆、饰品、礼服、头纱、捧花、个人的仪态和气质均必须精心雕饰、巧妆一番，如此便是众人目光中所追逐的有韵味的新娘。

一、任务情景

被服务者：小黄　　年龄：28岁　　场景：结婚当日的妆容

二、任务实施

1. 制定方案

人物造型定位：其中包括发型定位、妆面定位、服装定位。

2. 准备工作

① 为顾客准备化妆品及工具。

② 为顾客准备服饰搭配所需的服装与饰品。

3. 化妆造型实施

第一步　修眉

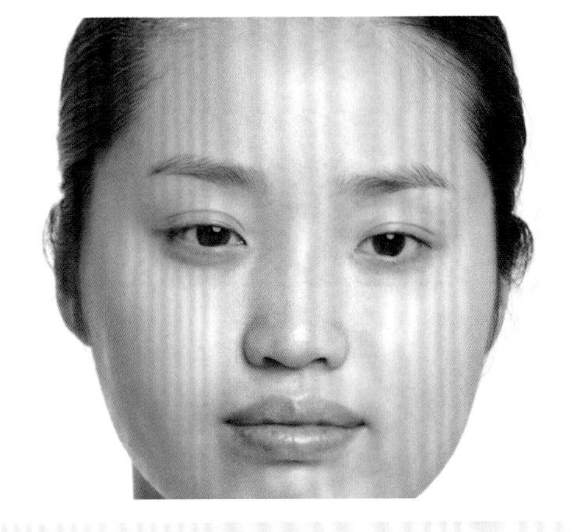

使用修眉刀修饰眉形

第二步　底妆塑造1

用海绵蘸取粉底膏在面部进行均匀涂抹

第三步　底妆塑造2

用遮瑕笔进行局部遮瑕

第四步　底妆塑造3

用蜜粉进行定妆

第五步　修容

用修容粉进行修容，提亮“T”字部位，收紧双颊

第六步　眉形塑造

用眉笔将眉毛定型

用眉粉均匀眉色

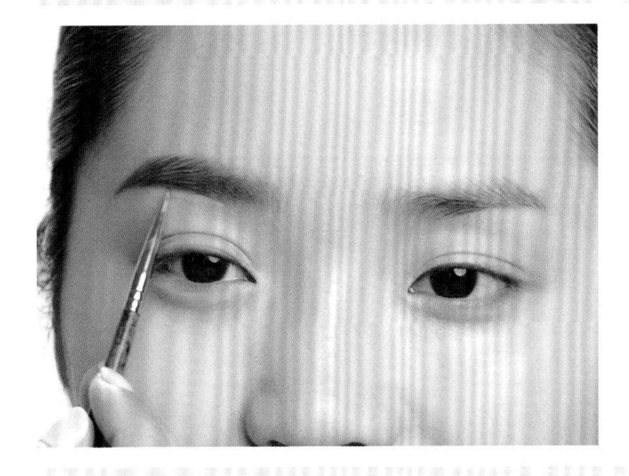

用亚光白色眼影提亮眉骨

第七步 眼妆塑造

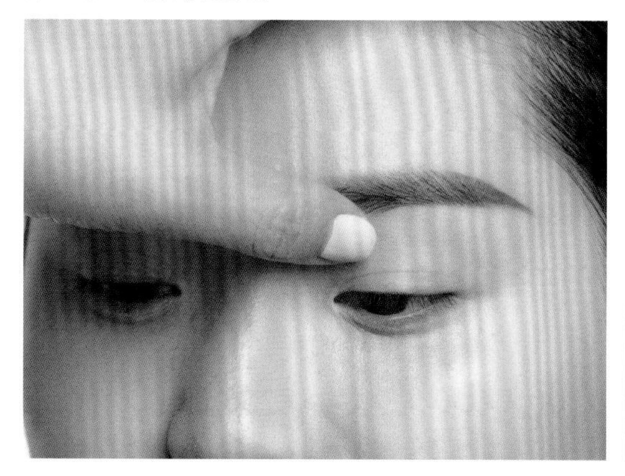

用肤色双修提亮眼窝

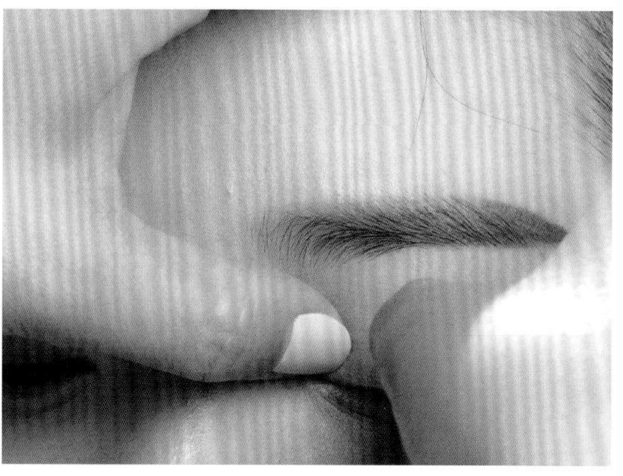

用双眼皮贴修饰眼形

用眼线膏修饰内眼线

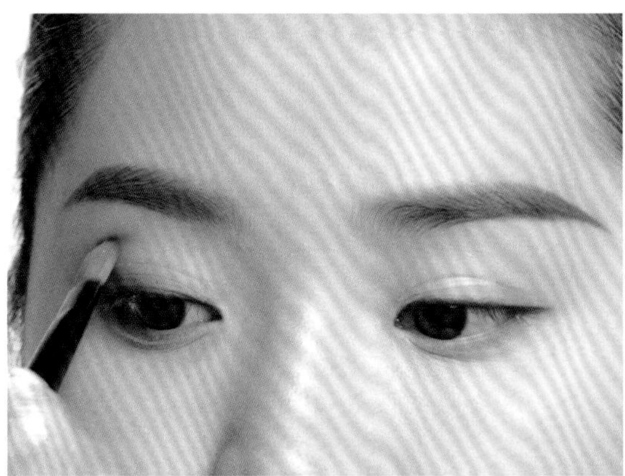

用橙色系眼影修饰眼睑

用眼线水笔加深眼线

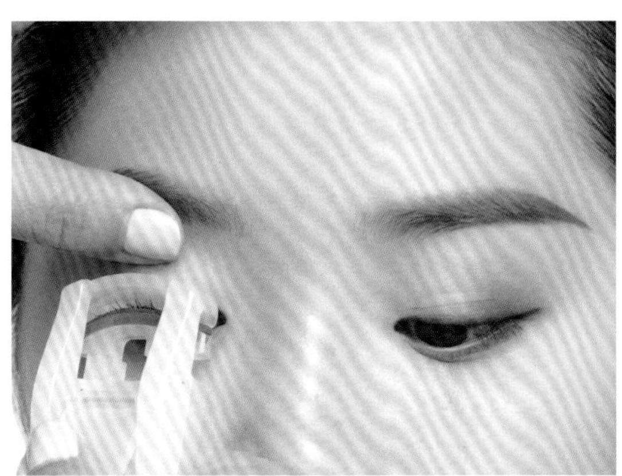

用睫毛夹夹翘睫毛

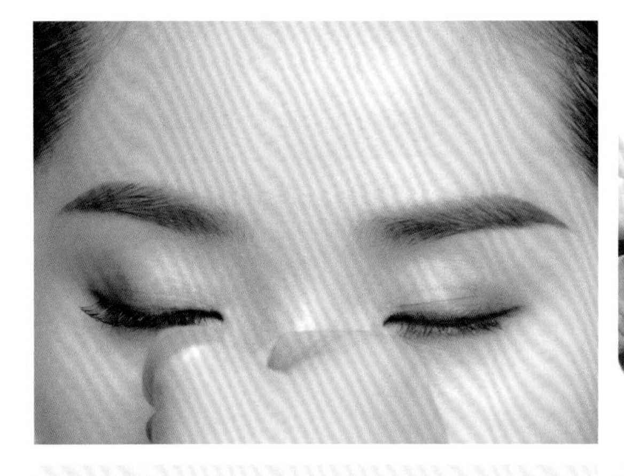

用睫毛胶粘上透明梗假睫毛

用睫毛膏修饰下睫毛

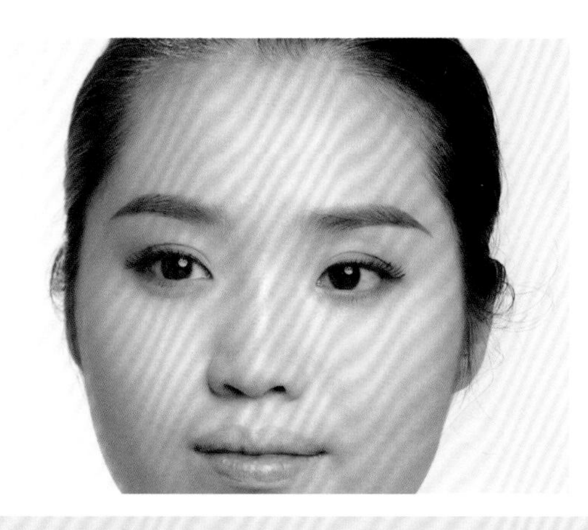

眼妆最后效果

第八步 唇妆塑造

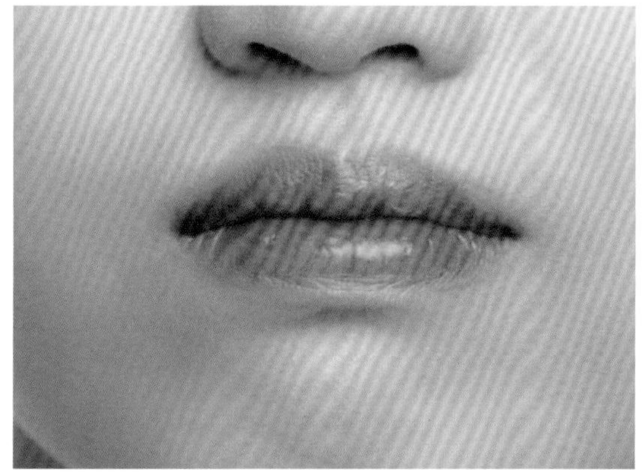

用唇刷蘸取唇釉滋润唇部

用唇刷蘸取口红修饰唇部

第九步　面部修饰

用珠光高光粉提亮“T”字部位

用橙色系腮红修饰面颊

最后效果

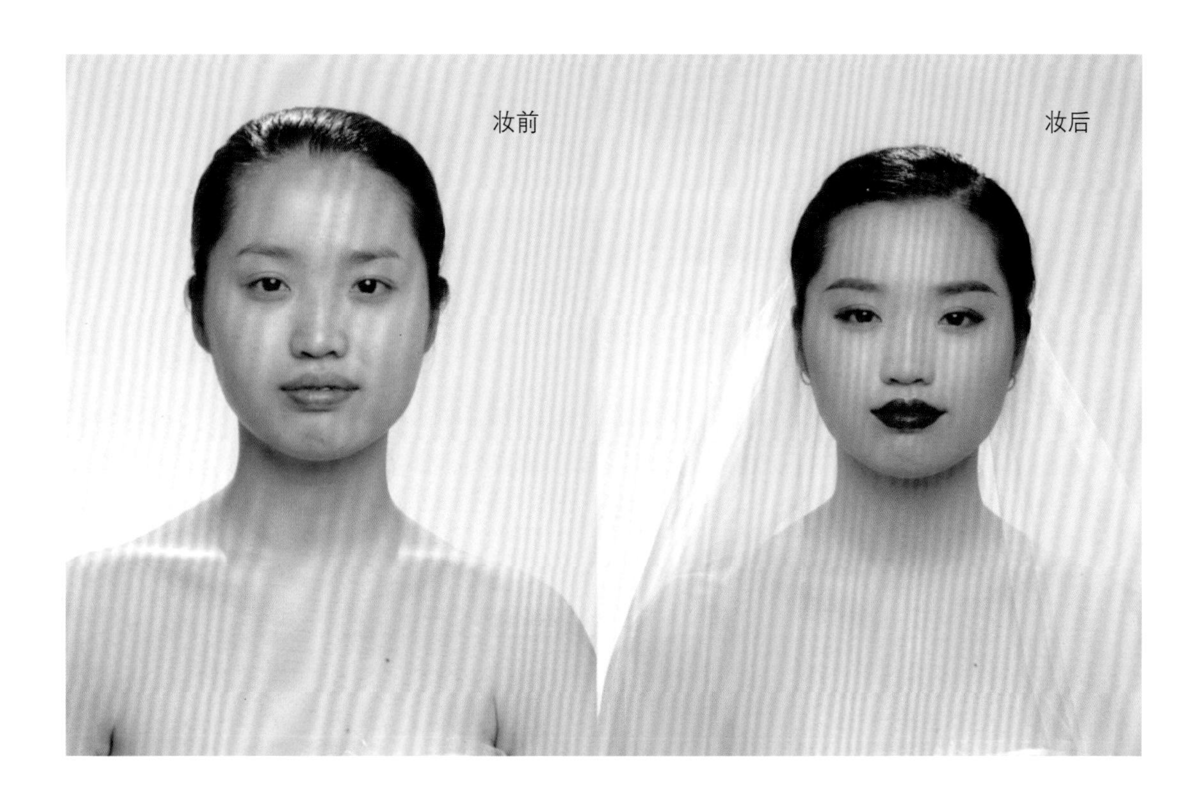

三、效果评价

① 通过学习掌握西式新娘化妆，积累西式新娘化妆的白纱造型素材和信息。

② 通过掌握和积累，能根据人物的定位独立完成西式新娘化妆造型设计流程。

四、技能操作

1. 独立完成一个西式白纱新娘妆
2. 收集并掌握西式新娘妆白纱化妆造型的时尚信息

五、理论习题

1. 在西式新娘妆底妆塑造中，用修容粉进行修容，提亮________，收紧________。
2. 在西式新娘妆眉部修饰中，先用________将眉毛定型，再用________均匀眉色。
3. 西式新娘妆眼部化妆：用________提亮眼窝；用________修饰眼形；用________修饰内眼线。
4. 西式新娘妆唇妆塑造：用________滋润唇部；用________蘸取口红修饰唇部。

任务四 | 社交性晚宴化妆

晚宴妆主要用于夜间的宴会场合，妆容强调华丽高贵，气质鲜明。根据应用目的及场合的不同，可分为社交性晚宴妆和演示性晚宴妆。

社交性晚宴妆，要求女性形象端庄、高雅，言行举止符合礼仪习惯，因为一般在室内，灯光华丽朦胧，所以妆面色彩可适当浓艳一点。大体可以分为：商务晚宴妆与派对晚宴妆。

商务晚宴妆针对比较正式与严肃的宴会场合，通常需要得体合宜的造型，不宜夸张，面部描画的线条要柔和自然，妆色宜选择含蓄、典雅、温和的色系，突出端庄与高贵的形象。

派对晚宴妆主要针对酒会或相对自由的宴会场合，造型上可以适度夸张，面部描画的线条也可以相对富有个性，妆色可选择时尚流行色彩，塑造或轻松浪漫或冷艳妩媚的形象。

一、任务情景

被服务者：小李　　年龄：23岁　　场景：参加一个朋友聚会，需要一个社交性晚宴妆

二、任务实施

1. 制定方案

人物造型定位：其中包括发型定位、妆面定位、服装定位。

2. 准备工作

① 为顾客准备化妆品及工具。

② 为顾客准备服饰搭配所需的服装与饰品。

3. 化妆造型实施

第一步　底妆塑造

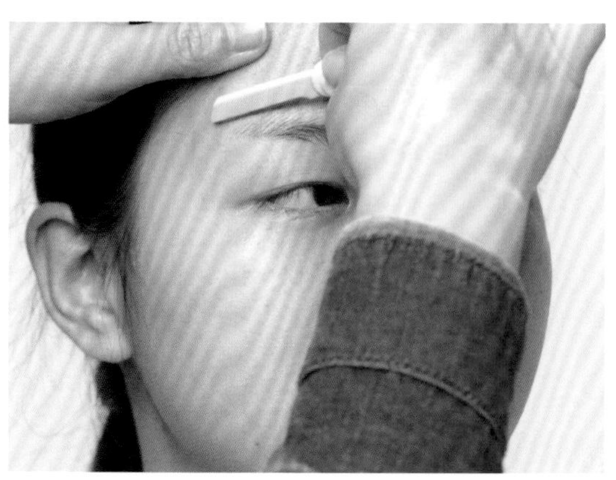

使用修眉刀修眉

先用棉片清洁皮肤，再涂乳液至全脸吸收

选适合顾客肤色的粉底均匀涂抹面部

第二步　面部遮瑕

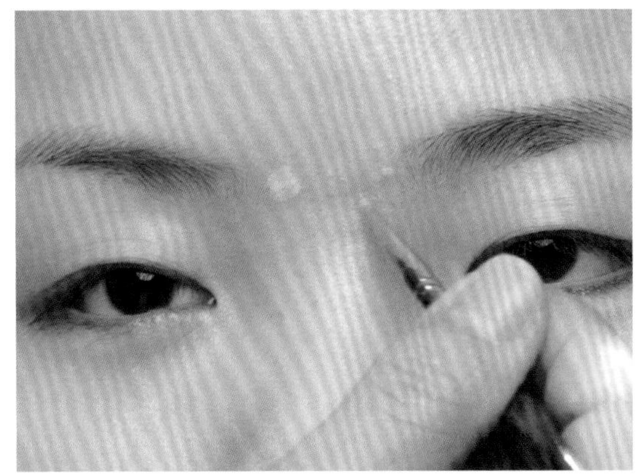

处理顾客面部瑕疵

瑕疵处理后，将遮瑕膏与粉底融合在一起，均匀涂抹面部

第三步　定妆

使用定妆粉定妆

第四步 眉形塑造

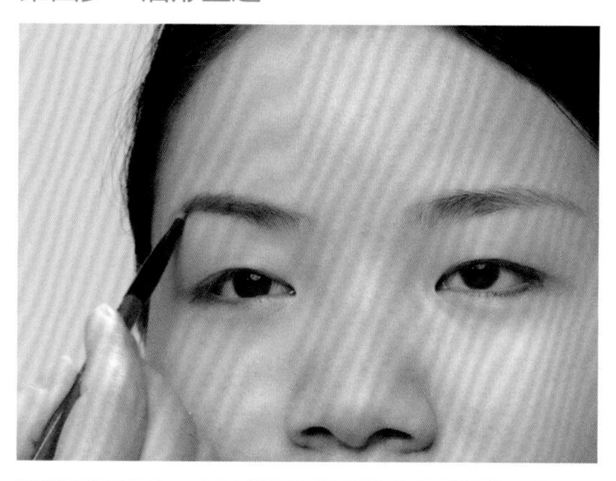

用眉粉扫出固定眉形，再用眉笔定型（眉毛的处理上，可强调眉底线，但要求既符合脸型，又要体现眉毛的虚实感及立体效果）

第五步 眼影塑造

选择两段式眼影

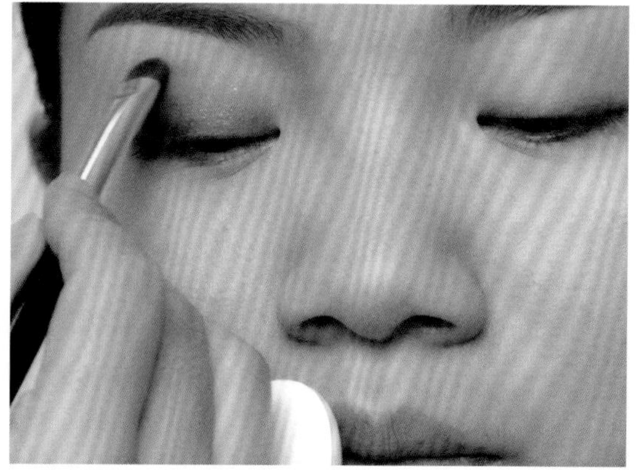

用蓝色眼影修饰眼球到眼尾二分之一处，用橙色眼影修饰眼球到前眼角处

用眼线水笔修饰内眼线（均匀无缝隙）

均匀晕染眼影，让两个眼影颜色无分界线

调整左右眼影，使其干净对称

第六步　睫毛塑造

选适合表现晚宴效果的假睫毛，沿睫毛根部贴上假睫毛

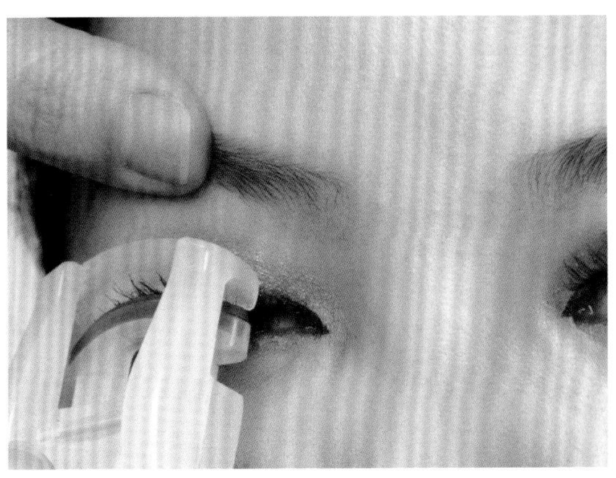

用睫毛夹将睫毛夹翘，并刷上睫毛膏

第七步　修容

用刷子蘸取与眉色相近的咖色眼影修饰鼻子，画出鼻侧影

第八步　唇妆塑造

用唇刷蘸取唇釉滋润唇部

选用低饱和度、高明度的颜色（如暗红色、深红色、棕红色，但一定要注意与礼服颜色协调）塑造唇妆

用深色笔强调轮廓立体感

用浅色笔提亮高光

第九步　腮红塑造

用暗色结构式打法塑造腮红，强调面部立体感

在颧骨处扫出腮红

第十步　高光提亮

用高光粉提亮整个面部高光区

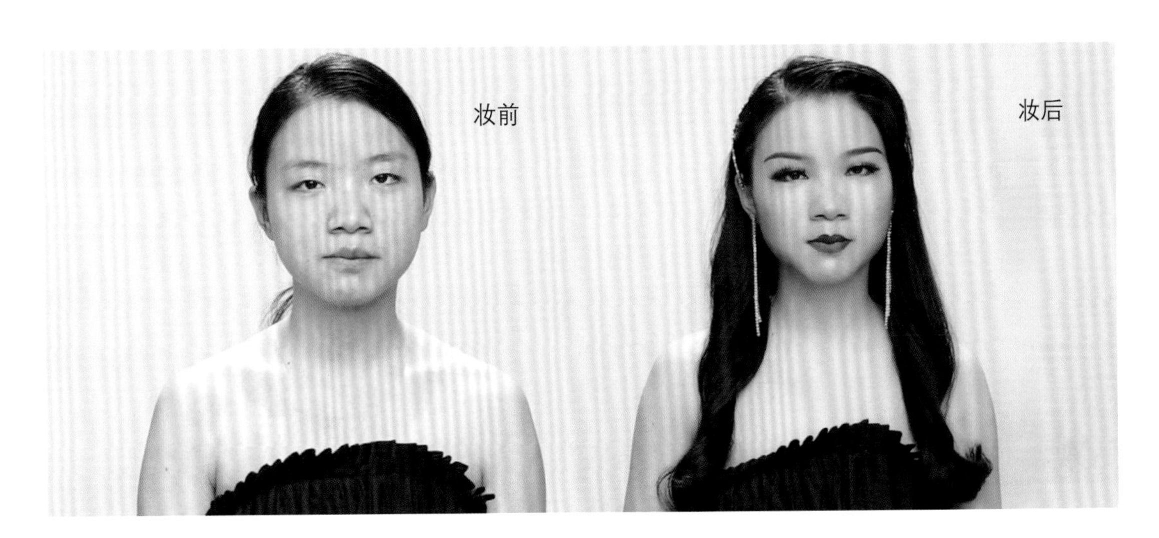

三、效果评价

通过对社交性晚宴化妆的学习，掌握社交性晚宴化妆的技能和手法；积累社交性晚宴化妆的造型素材和信息。

四、理论习题

1. 晚宴妆根据应用目的及场合的不同分为__________和__________。

2. 在社交性晚宴化妆底妆面部遮瑕中，将__________与__________融合在一起。

3. 在社交性晚宴化妆眉毛的处理中，可强调__________，但要求既符合脸型，又要体现眉毛的__________及立体效果。

4. 在社交性晚宴化妆眼线塑造中，用__________修饰内眼线，要求均匀无缝隙；均匀晕染眼影，让两个眼影颜色__________。

5. 在社交性晚宴化妆唇妆塑造中，用__________滋润唇部，唇妆选用__________度、高__________的颜色，如暗__________，但一定要注意与礼服颜色协调。

任务五 | 演示性晚宴化妆

演示性晚宴妆，以夸张的手法使视觉冲击力更强，造型手法丰富多样，主要用于特殊主题的舞会或者用于参赛、考试或技术交流，具有很强的创造性。大体可以分为另类晚宴妆和比赛用晚宴妆。

另类晚宴妆：适用于风格各异的舞会，通常采用强对比的色彩和夸张的线条，以及带闪光的装饰性化妆品来表现热情活泼的气氛，以突出化妆对象的个性特征。

比赛用晚宴妆：妆型强调高雅和华贵的特点，为了适应赛场上强烈的灯光环境，可以选择较为艳丽的妆色，同时可以适当增加带闪光的色彩，以更加突出舞台氛围。

一、任务情景

被服务者：小杨　　年龄：25岁

场景：参加一个创意晚会，需要一个夸张而有新意的晚宴造型

二、任务实施

1. 制定方案

人物造型定位：其中包括发型定位、妆面定位、服装定位。

2. 准备工作

① 为顾客准备化妆品及工具。

② 为顾客准备服饰搭配所需的服装与饰品。

3. 化妆造型实施

第一步　修眉

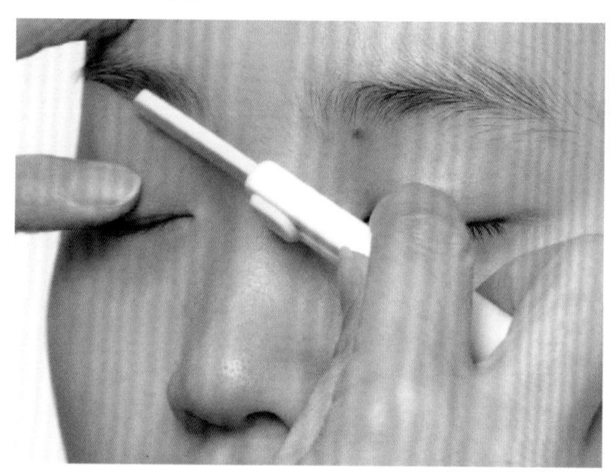

使用修眉刀将顾客多余的眉毛去掉

第二步 妆前隔离

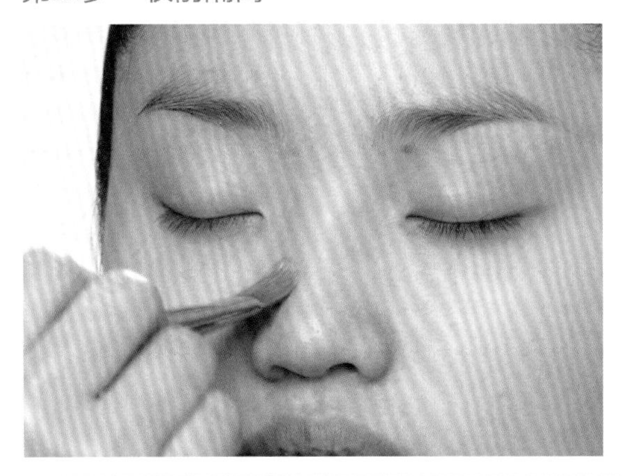

在顾客面部均匀涂抹隔离霜

第三步 底妆塑造

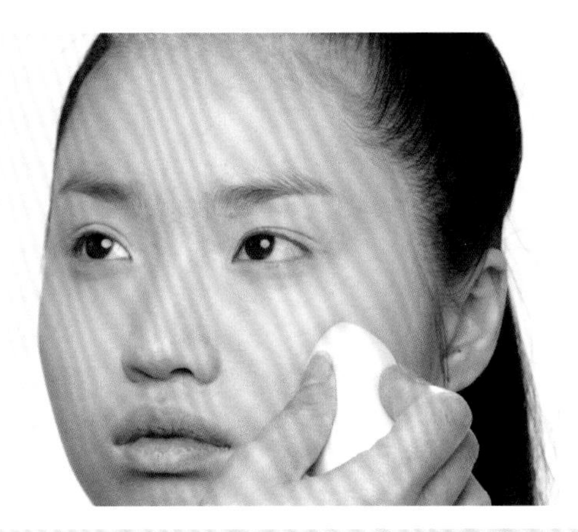

选用合适的粉底膏遮瑕

使用高光粉底将“T”字部位提亮

使用高光粉底将“T”字部位提亮

第四步　定妆

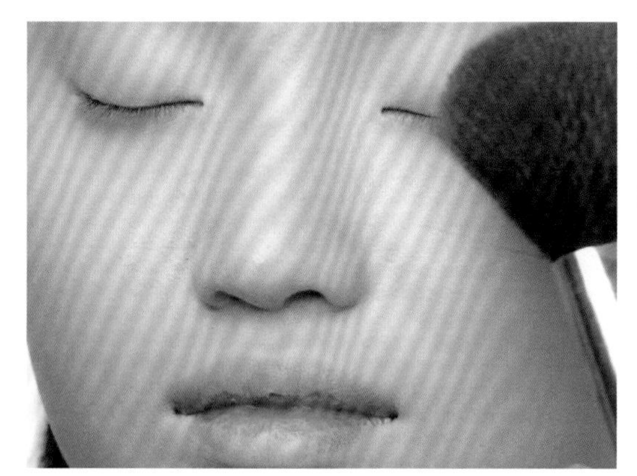

使用蜜粉进行定妆

第五步　阴影修饰

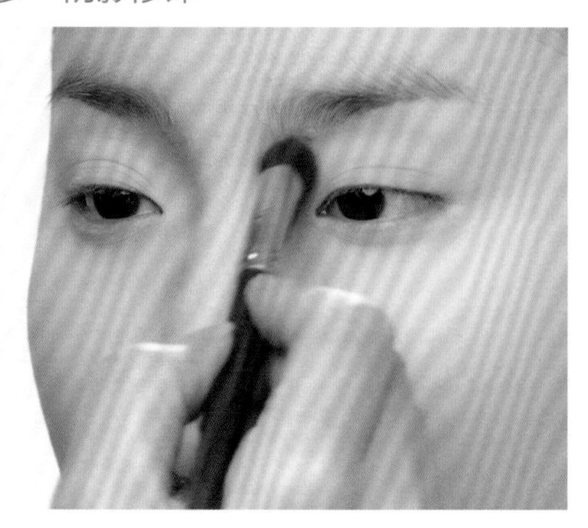

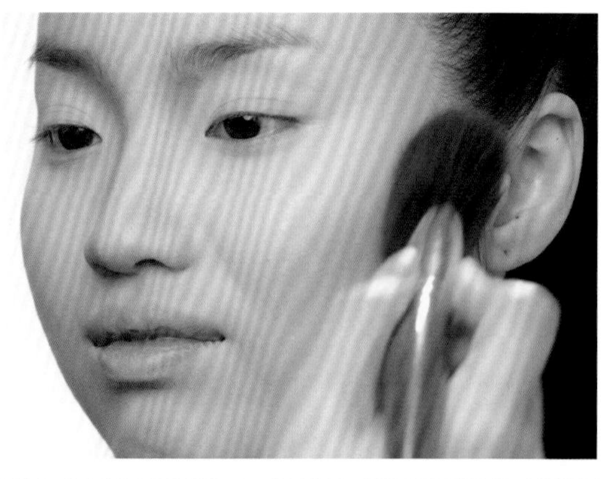

使用双修粉修饰面部阴影

第六步　眼妆塑造

使用玫红色眼影，铺出眼妆大色调

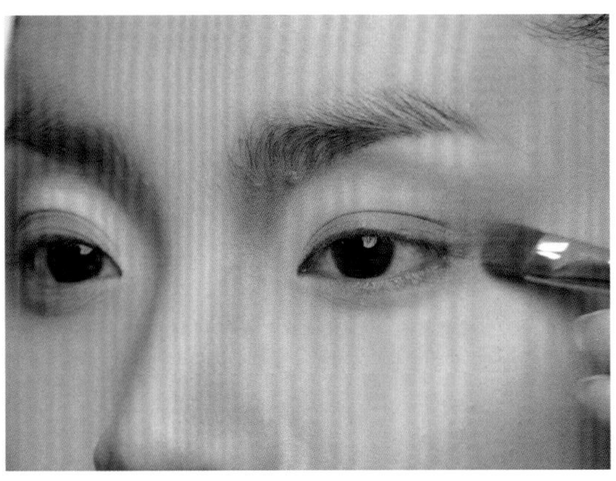

用高光眼影在眼球部位提亮眼部结构

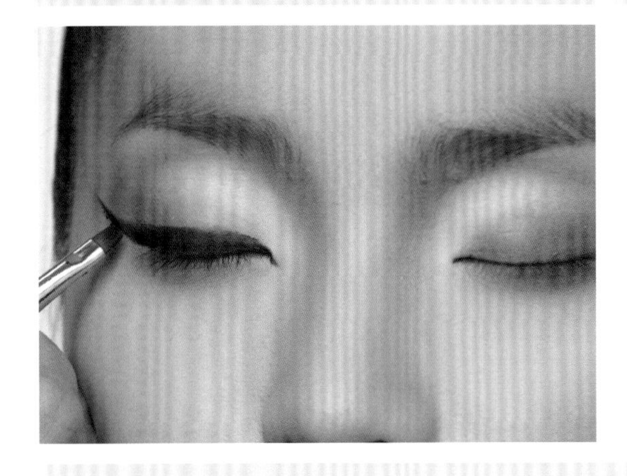

用眼线膏修饰眼形

用黑色眼影晕染外轮廓

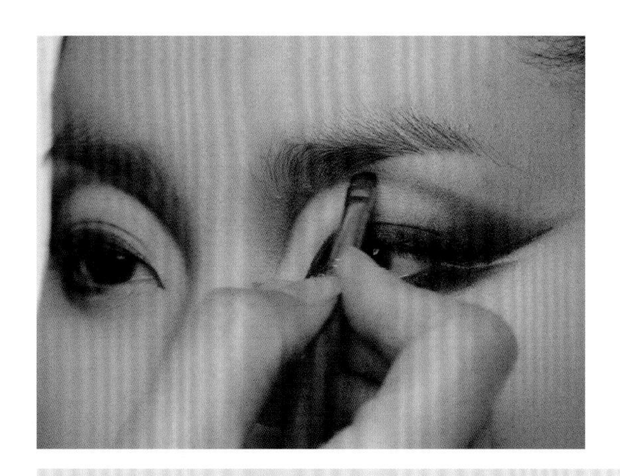

用黑色眼影晕染外轮廓

用白色油彩勾画线条修饰眼形

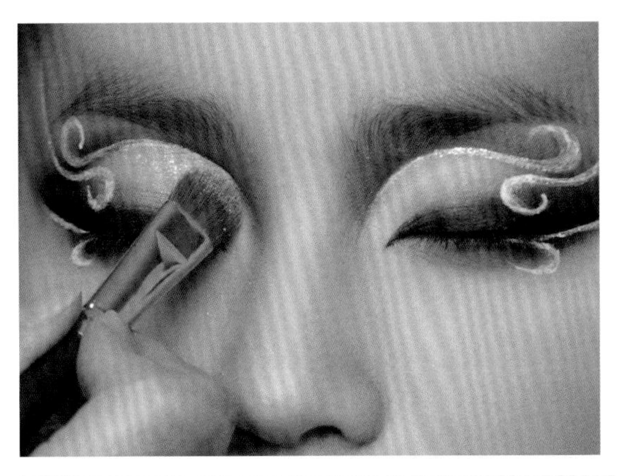

用金粉提亮眼部周围

夹翘睫毛，贴上假睫毛，并刷睫毛膏

第七步　眉形塑造

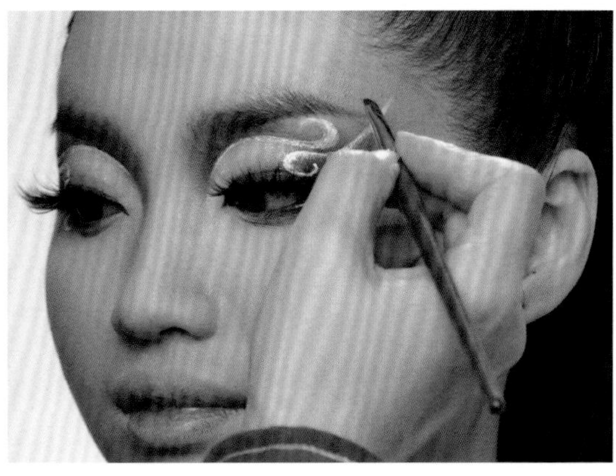

用眉粉修饰眉形（眉型选用欧式眉）

第八步　唇妆塑造

用与眼妆同色系的唇膏画出唇形

第九步　腮红塑造

最后效果

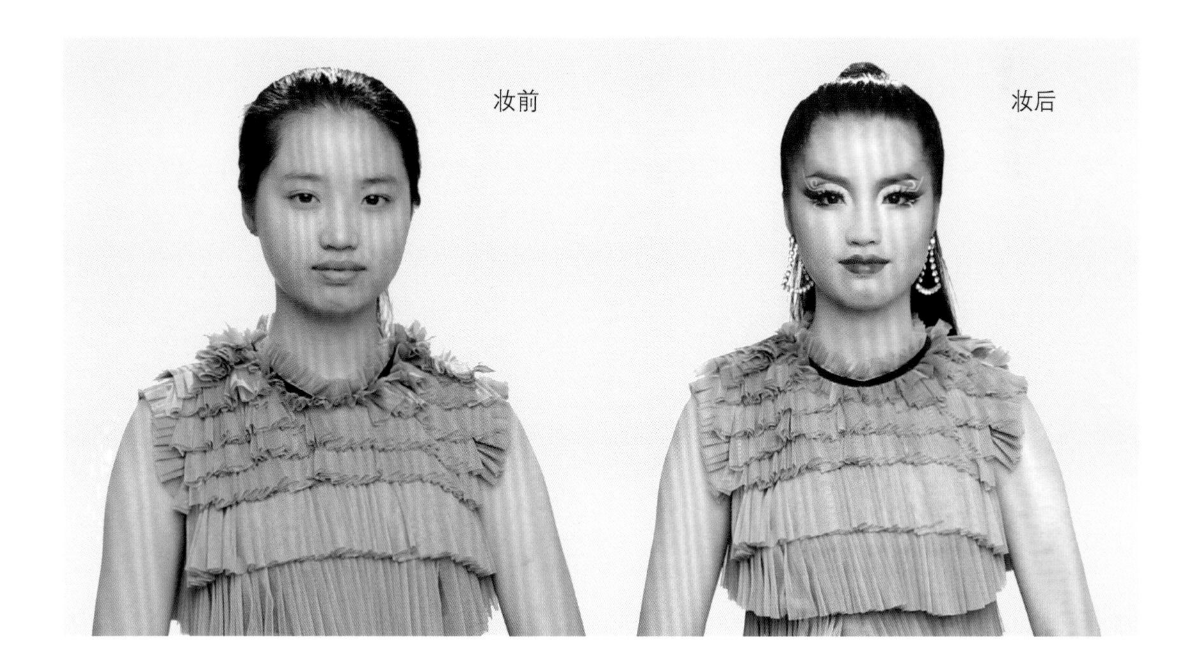

三、效果评价

通过对演示性晚宴化妆的学习，掌握演示性晚宴化妆的技能和手法；积累演示性晚宴化妆的造型素材和信息。

四、技能操作

独立完成一个演示性晚宴妆

五、理论习题

（一）判断题

（　）1. 化妆色受照明影响，会出现不同的照明效果，如绿色在黄光的照明下变暗至深灰，在紫光下变为浅灰色。

（　）2. 时尚化妆师的接触范围只有影楼、T台。

（　）3. 物体在光下的明暗层次变化包括：暗面、灰面、反光面、背光面、明暗交界线。

（　）4. 化妆时应注意色彩的使用量：若色彩的使用量相同，妆面会显得模糊；若色彩的使用量分出主次，则会显得醒目。

（二）多选题

1. 偏冷、纯度高、明度也高的肤色，适合（　）的色系，如粉蓝、粉紫、浅粉灰等。

A. 高调偏冷　　B. 明亮　　C. 饱和度略低　　D. 饱和度略高

2. 偏冷、纯度低但明度高的肤色，适合（　）的冷色系，如亮紫、品红、粉紫、粉绿、粉蓝、宝石蓝、淡黄等。

A. 高调偏冷　　B. 明亮　　C. 饱和度略低　　D. 饱和度略高

项目三

造型服务

整体造型服务是最能体现化妆师综合素质和岗位胜任力的环节之一，要求化妆师能根据顾客的人体色、脸型、体型、所在的场合进行适宜的发型造型、服饰搭配和色彩搭配，并且能根据不同风格、环境与需求进行发型与饰品、装饰物的造型设计。

素养目标

1. 具备一定的审美与艺术素养；
2. 具备一定的语言表达能力；
3. 具备一定的与人沟通能力；
4. 具备良好的职业道德精神；
5. 具备敏锐的观察力与快速应变能力；
6. 具备较强的创新思维能力。

知识目标

1. 掌握美发工具的种类、性能及用途，并了解工具的安全操作流程；
2. 能鉴别顾客的发质类型，掌握发型设计与头部结构特征的关系；
3. 能分析顾客的着装习惯和实际需求；
4. 掌握环境色、灯光与妆容配色的关系，了解不同宴会场合色彩搭配的区别。

技能目标

1. 能控制吹风机的温度、风力、送风时间和角度，能使用卷发棒、电夹板做直发和卷发的基础造型；
2. 能用盘、包、束、编等手法进行职业类、新娘类、宴会类发型塑造，能进行真假发混合发型塑造；
3. 能根据顾客的脸型、服装提出合理的服饰搭配意见，能根据顾客出席的场合和自身条件结合帽子、发饰等配件进行搭配造型；
4. 能根据顾客要求进行图纸配色设计；
5. 能根据顾客发色、瞳孔色、肤色进行皮肤冷暖色判断，并挑选合适的粉底、腮红、唇膏的颜色进行配色；
6. 能够独立与顾客沟通并进行造型方案设定。

任务一　发型造型

一、任务情景

被服务者：小美　　服务者：发型师导师　　年龄：24岁

地点：发型工作室　　任务：介绍办公室职业妆发型塑造需要使用的工具

二、任务实施

1. 制定方案

人物发型的定位为简洁、干练、有精神。

2. 准备工作

发型师导师进行自我介绍并说明发型制作工具的功能和使用方法。

① 尖尾梳：尖尾梳主要用于发型分区，梳理头发配合进行造型（图3-1-1）。

② 板梳子：将顾客的所有头发梳顺（图3-1-2）。

③ 排骨梳：排骨梳主要适用于较短头发的吹风造型（图3-1-3）。

④ 卷发棒：能够使顾客头发蓬松，有不同的型号（图3-1-4）。

⑤ 直发器：可以使顾客头发顺直（图3-1-5）。

⑥ 玉米须夹板：可以使顾客的头发局部蓬松（图3-1-6）。

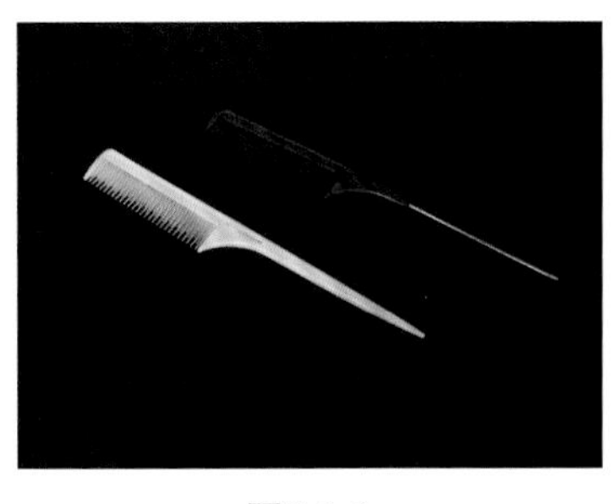
图3-1-1

图3-1-2

图3-1-3

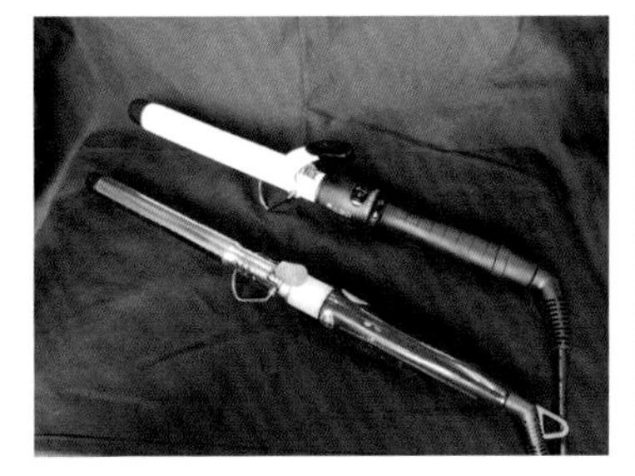
图3-1-4

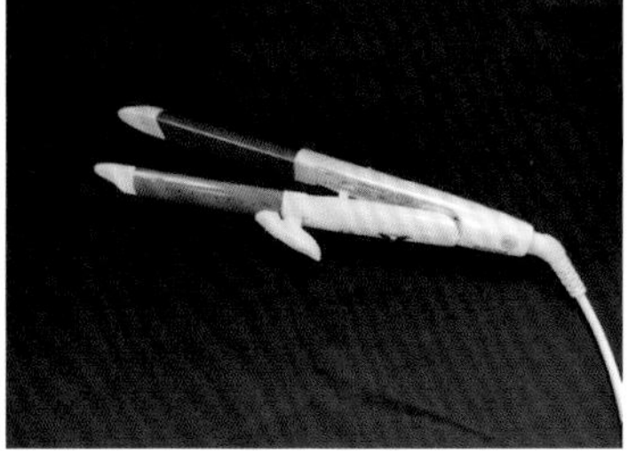
图3-1-5

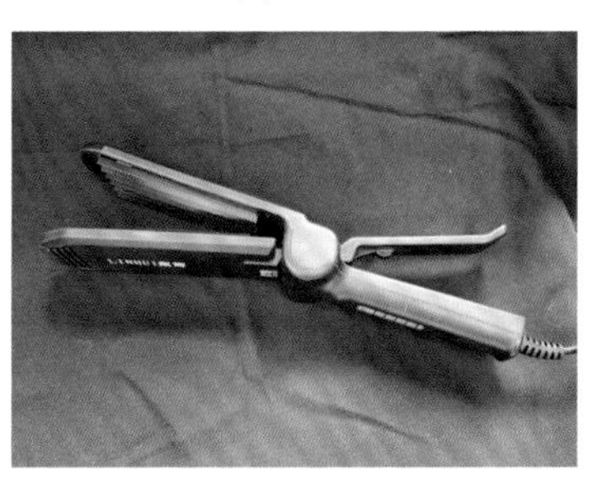
图3-1-6

⑦ 钢夹：可以固定局部发型的工具（图3-1-7）。

⑧ 鸭嘴夹：可以固定分区的头发的工具（图3-1-8）。

⑨ 定位夹：做卷发造型时固定头发的工具（图3-1-9）。

⑩ 皮筋：扎头发的工具（图3-1-10）。

⑪ U型夹：做发片造型、卷筒造型时固定头发的工具（图3-1-11）。

⑫ 喷水壶：给头发喷少量水分，使发型自然的工具（图3-1-12）。

⑬ 发胶：雾状干胶，可以固定发型（图3-1-13）。

⑭ 发蜡棒：发蜡棒主要使碎发服帖（图3-1-14）。

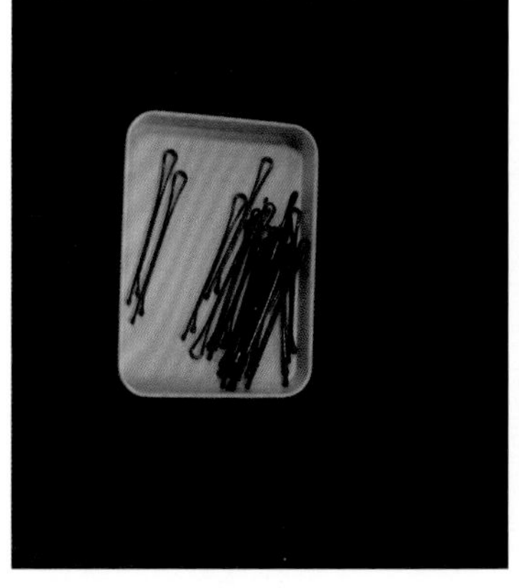

图3-1-7

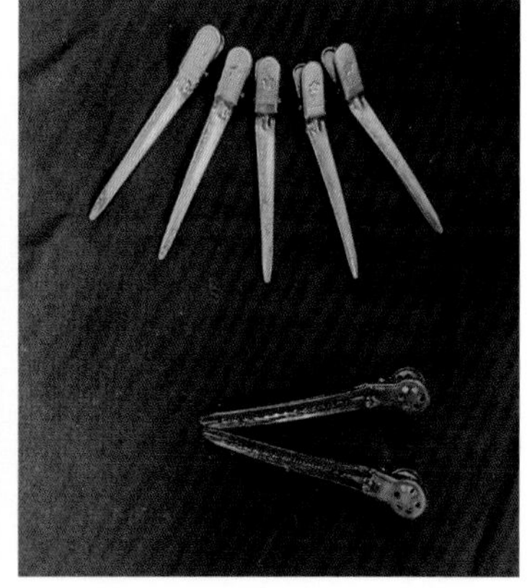

图3-1-8

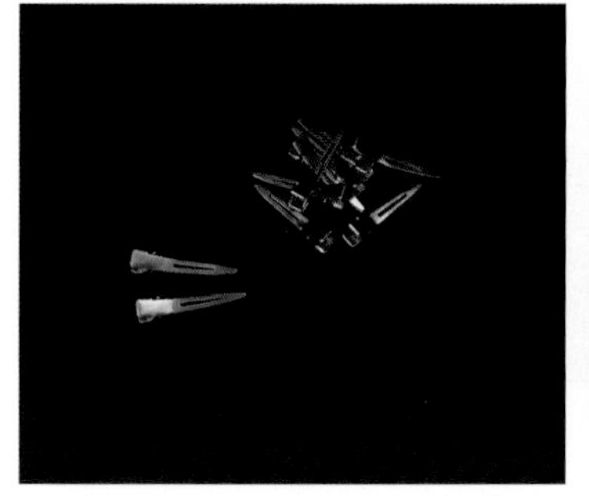

图3-1-9

图3-1-10

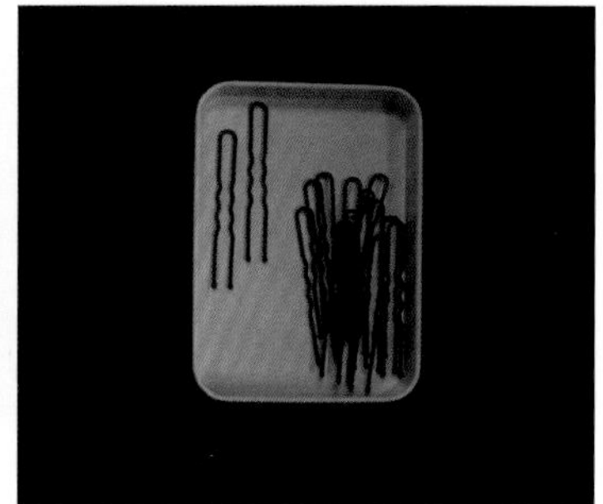

图3-1-11

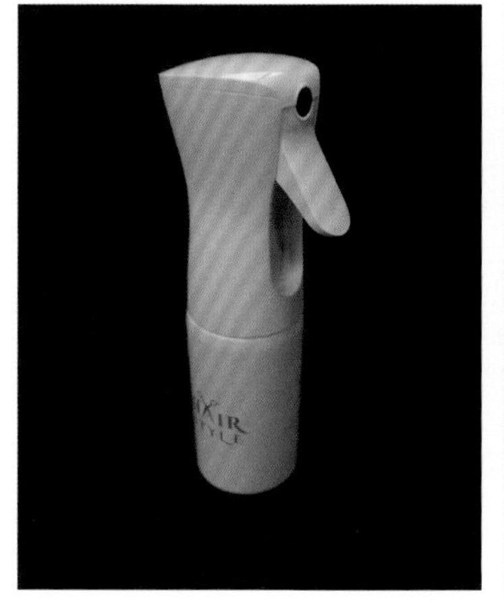

图3-1-12

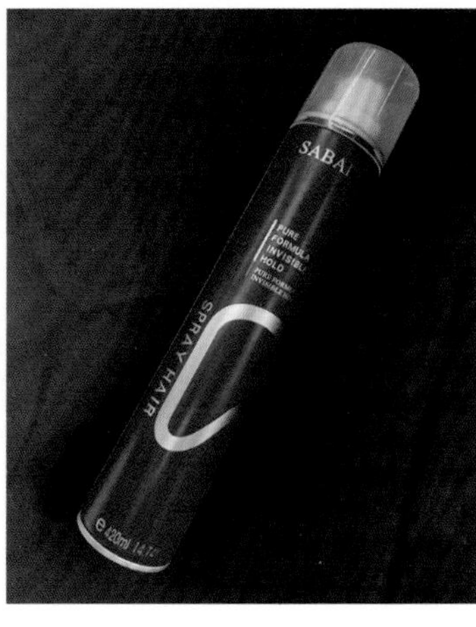

图3-1-13

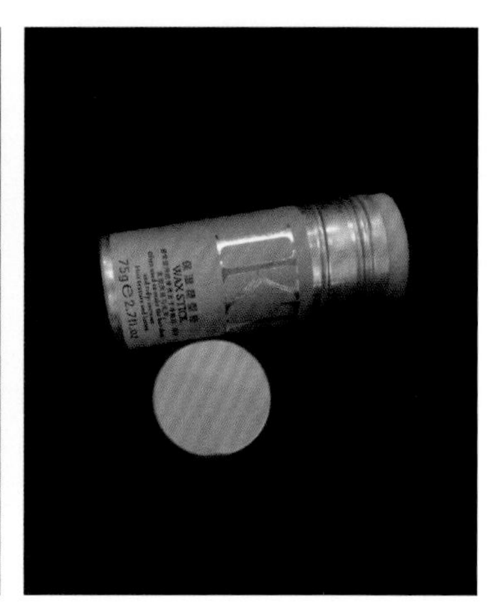

图3-1-14

3. 发型造型实施

（1）职业妆高马尾发型塑造

对头部顶发区进行分区，分区后用鸭嘴夹夹住头发

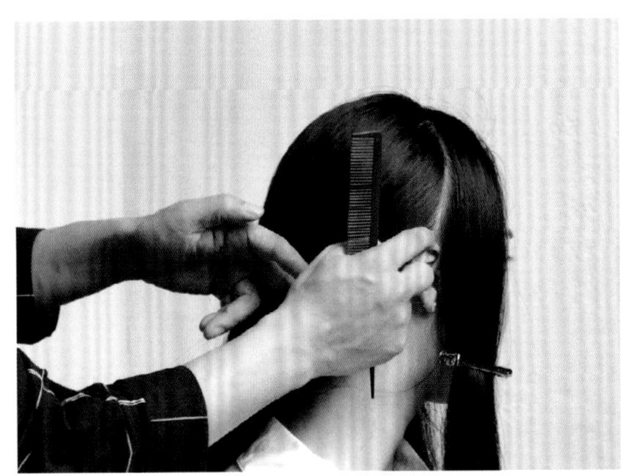

在从耳后45° 到黄金点的位置做一个顶发马尾

把头发的表面梳光滑，用发蜡棒收碎发

用发胶固定头发

用皮筋固定马尾

塑造蓬松的顶部发型

塑造蓬松的顶部发型

用皮筋固定头顶头发

拉松头顶部分头发

取一小撮头发挡住皮筋

造型完成

（2）职业妆花苞头发型塑造

固定顶发区头发

使用卷发棒将后发区的头发烫卷

使用卷发棒将后发区的头发烫卷

用尖尾梳进行“Z”字形分区

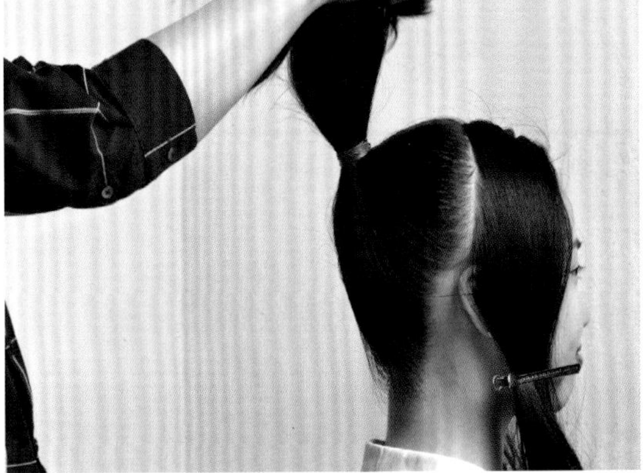

在后发区扎一个高马尾

取一缕头发把它分成两份，交叉扭

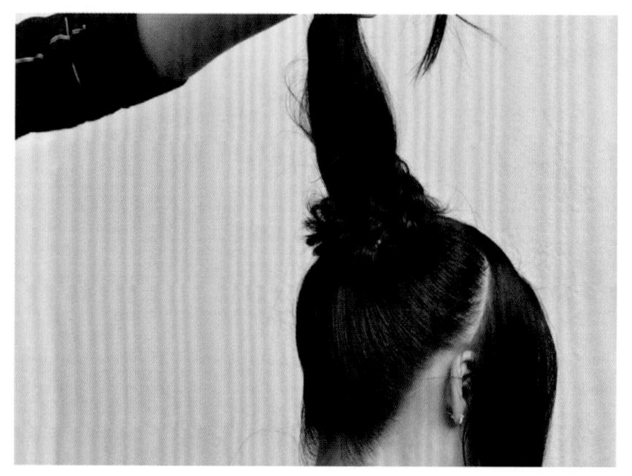

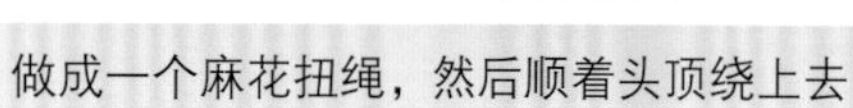

做成一个麻花扭绳，然后顺着头顶绕上去

用同样的方法将其余的头发都做成麻花扭绳，并在头顶盘成一个花苞状

用同样的方法将其余的头发都做成麻花扭绳，并在头顶盘成一个花苞状

塑造右发区，将头发水平分份，将发片平均分成两份

采用下包上的方法交叉在一起，剩余的头发用同样的方式交叉发片绕在头顶花苞处

左发区用相同手法处理

造型完成

三、效果评价

① 通过学习发型造型工具，并对其进行使用，了解职业女性妆发型造型，积累相关的造型素材和信息。

② 通过实践学习，能够独立完成发型造型的设计，掌握整体设计流程。

四、技能操作

根据顾客出席的场合和自身条件结合帽子、发饰等配件进行造型搭配，能用盘、包、束、编等手法进行职业类、新娘类、宴会类发型塑造

五、理论习题

（一）填空题

1. 尖尾梳主要用于____________，梳理头发配合进行造型。
2. 板梳子：将顾客的所有头发____________。
3. 排骨梳：排骨梳主要适用于____________的吹风造型。
4. 玉米须夹板：可以使顾客的头发____________。
5. 鸭嘴夹：固定____________的工具。
6. 定位夹：做卷发造型的____________的工具。
7. U型夹：做____________、____________时固定头发的工具。
8. 发蜡棒的主要用途是____________。

（二）简答题

1. 如何绑一个完美的马尾?
2. 怎样做职业妆花苞头发型?

任务二 | 服饰搭配

一、任务情景

被服务者：小张　　年龄：30岁　　职业：外企办公室文员

工作内容：协助上司处理日常的行政工作　　场景：春季，在公司办公场合

二、任务实施

1. 制定方案

服装搭配的TPO原则如下（图3-2-1）。

T（Time，时间）：一天、季节性、时代性。

P（Place，地点）：场所。

O (Occasion，场合）：目的性。

图3-2-1

2. 准备工作

① 为顾客准备相关的职业服装。

② 为顾客准备与职业服装搭配的饰品。

3. 服饰搭配实施

第一步：根据服务对象及工作场合选择职业套装整体风格。

职业套装以素雅端庄的风格为主，最主流的选择是衬衫与套装的搭配。套装可以是套裙，或西服与西裤的搭配。收腰的西装修饰腰部曲线，让人看起来既有职业感又有女人味（图3-2-2）。

图3-2-2

第二步：选择职业套装的主色调。

职业套装主要以白、黑、褐、藏蓝、灰色为主色调（图3-2-3）。

第三步：选择衬衫的色彩与花纹。

衬衫作为职业套装的内搭，以白色和灰色为最常用色系，服务对象也可以选择淡粉色，或者有格子、线条、简洁重复花纹的衬衫（图3-2-4）。

第四步：选择衬衫的款式。

衬衫是职业套装的辅助，款式以简洁大方为主，穿在职业套装内最好裁剪相对贴合身体曲线，不至于造成职业套装的臃肿，也要注意选择脱下外套后独立外穿也得体大方的款式（图3-2-5）。

图3-2-3

图3-2-4

图3-2-5

第五步：丝巾和饰品的搭配。

如果西装不收腰，可以用腰带解决收腰问题。

职业套装可搭配丝巾，借助丝巾的亮色给职业套装的沉闷加一点调剂，注意丝巾的色彩与花纹要与服装相搭配（图3-2-6、图3-2-7）。简洁、有品质的首饰显然是加分项，有装饰作用的项链或耳环，可打破色彩的单调。

图3-2-6

图3-2-7

第六步：手袋的搭配。

职业套装手袋的搭配，除了与职业套装的时尚感相搭配外，还要强调它的功能性，通常外形简洁挺阔，收纳性好，轻便且大小适宜的为佳（图3-2-8）。同时，要根据服务对象职业套装的款式和色彩来选择与之相搭配的手袋，好的手袋搭配可以显著提高服务对象的着装品位。

第七步：鞋的搭配。

职场不一定必须穿高跟鞋，平跟鞋也可以穿出端庄大方的感觉，但大多数时候高跟鞋是一个更为常见的选择（图3-2-9）。在鞋跟高度的选择上，可选择5厘米左右的中跟鞋：一是为了显得大方稳重，二是为了工作时行动方便。款式上以简洁大方，配合职业套装的色彩和风格为主。

图3-2-8

图3-2-9

三、效果评价

① 通过职业服饰搭配的学习，掌握女性职业服饰搭配的职场需要和搭配原则与要点；积累职业服饰搭配的相关风格素材与信息。

② 通过掌握和积累，能根据人物的定位和职业场合的需要，独立完成职业服饰搭配设计的流程。

四、技能操作

1. 收集并掌握职业服饰搭配的相关时尚信息
2. 职业服饰搭配的特点与要求
3. 职业套装的选择要点
4. 职业套装的常用色彩
5. 职业套装衬衫的选择要点
6. 职业套装饰品与丝巾的选择要点
7. 职业套装手袋的搭配要点
8. 职业套装鞋子的搭配要点

五、理论习题

1. 服饰搭配的准备工作：一是为顾客准备相关的__________；二是为顾客准备与__________的饰品。

2. 职业套装以__________的风格为主，最主流的选择是__________与__________的搭配。

3. 职业妆套装可以是__________，或__________的搭配，收腰的西装修饰腰部曲线，让人看起来既有职业感又有女人味。

4. 职业装的色彩主要以__________为主。

5. 衬衫作为职业套装的内搭，以__________为最常用色系，服务对象也可以选择各种__________，或者有格子、线条、简洁重复花纹的__________。

6. __________是职业套装的辅助，款式以__________为主，穿在套装内最好裁剪相对贴合身体曲线，不至于造成套装的臃肿。

7. 办公职业装可搭配__________，借助__________的亮色给套装的沉闷加一点调剂，注意__________的色彩与花纹要与服装相搭配。

8. 职业装手袋的搭配，除了与职业套装相搭配的________外，还要强调它的________，通常外形简洁挺阔，收纳性好，轻便且大小适宜的为佳。

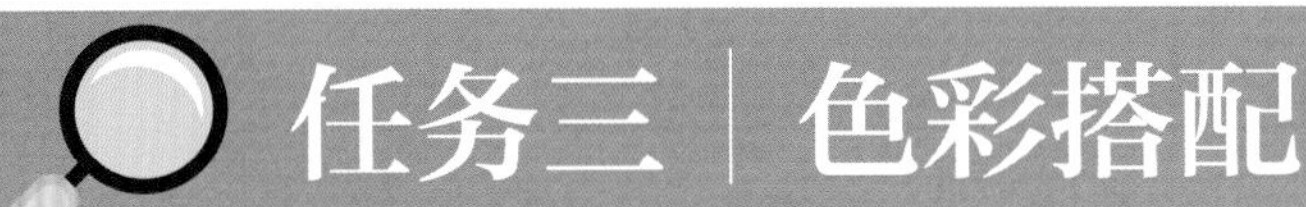

一、任务情景

被服务者：小莉　　年龄：30岁　　职业：外企办公室文员

工作内容：协助上司处理日常的行政工作　　场景：春季，在公司办公场合

二、任务实施

1. 制定方案

① 服务对象肤色的测试。

② 根据服务对象的肤色决定服装色彩搭配的大方案。

③ 服装色彩搭配与体型的协调。

④ 服装饰品的色彩搭配。

⑤ 职场穿衣用色的基本原则。

⑥ 服装色彩搭配与季节的协调。

2. 准备工作

① 为顾客准备肤色诊断色布。

② 为顾客准备四季色彩诊断色布。

③ 根据各种肤色与季节，准备相应的饰品。

④ 根据各种肤色、体型与季节，准备相应的鞋子。

3. 服装色彩搭配实施

第一步：判断服务对象的肤色。

肤色的色调包括皮肤的明度和纯度（图3-3-1）。肤色的明度是指皮肤的深浅，也可以说是明亮程度，是偏黑还是偏白。肤色的纯度指皮肤的均匀程度：皮肤偏薄的，均匀程度低，纯度也就低；皮肤偏厚的，均匀程度高，纯度也就高。

第二步：根据服务对象的肤色冷暖，决定服装色彩搭配的大范围。

亚洲人的肤色一般指从肉黄色到肉红色之间的橙灰色区域。有的黄色倾向重一点，有的红色倾向重一点。虽然亚洲人的黄色皮肤总体上趋于暖色区域，但不同的人皮肤冷暖还是有差别的。如有的人肤色趋于偏冷的牙黄，有的人肤色趋于偏暖的橙红。我们首先要用色卡来测定肤色的冷暖倾向，来决定服装配色的大范围（图3-3-2）。避开不适宜的色彩倾向，如冷黄肤色就应避开紫色系，橙红肤色应该避开蓝绿色系。

图3-3-1　肤色色调渐变图

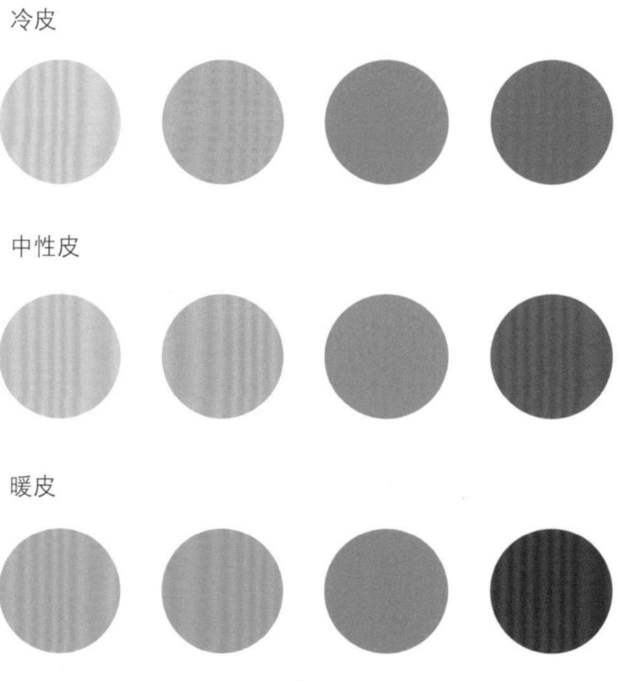

图3-3-2

第三步：根据服务对象皮肤的具体色彩倾向，决定服装色彩搭配的主色系。

中性浅白肤色比较百搭，不管是偏冷还是偏暖、明快的色系还是暗色系，都可以进行相对自由合适的搭配，只要做到配合体型、服装自身的色彩搭配和谐就可以了；

偏冷、纯度高明度也高的肤色，适合高调偏冷、明亮、饱和度略低的色系，如粉蓝、粉紫、偏蓝的粉红、明蓝、浅灰、浅粉绿、浅粉灰等（目前流行的莫兰迪色系与此近似）；

偏冷、纯度低但明度高的肤色，适合明亮、饱和度高一些的冷色系，如亮紫、品红、粉紫、粉绿、粉蓝、宝石蓝、淡黄等；

偏冷、纯度适中明度也低的肤色，适合偏冷、饱和度略低同时较深的色系，深色系有助于衬托出皮肤的亮度，如深紫灰、品红灰、紫红灰、柠檬黄灰、黑色、深灰、深蓝、蓝绿灰等；

偏暖、纯度适中、明度高的肤色，适合配以偏暖、饱和度适中，同时相对明快的色系，如肉粉、浅熟褐、浅橙、中黄灰、草绿灰等（图3-3-3）；

偏暖、纯度低明度也低的肤色，适合配以偏暖、饱和度略低，同时比较深的色系，切记高饱和度的色彩容易突出肤色的低纯度，同时使肤色显得更暗，可以选用黑色、深暖灰、草绿灰、偏灰的铁锈红、棕蓝等色系。

注意服装色彩的搭配变化较多，因人而异，切忌照搬理论、教条主义，只有深入掌握相关的色彩理论知识，根据服务对象的情况进行具体的色卡和色布的搭配测试，才能获得优良的服装色彩搭配方案（图3-3-4～图3-3-6）。

图3-3-3

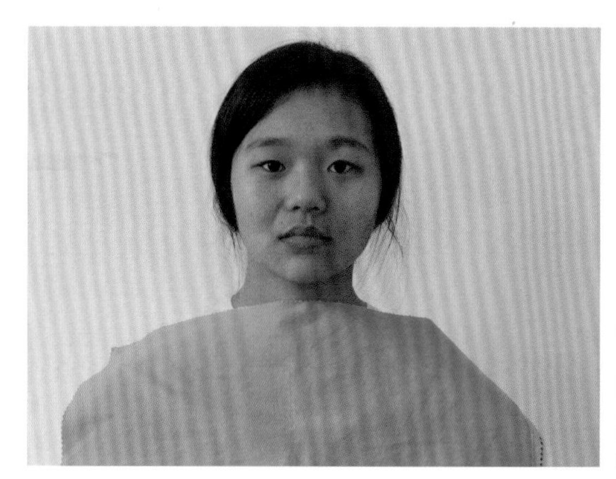 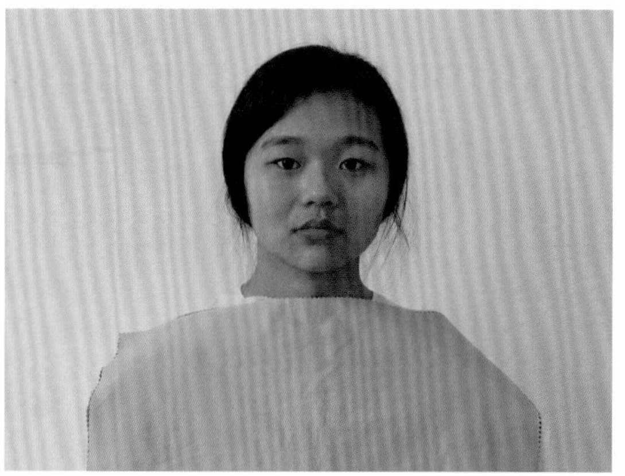

图3-3-4　进行色彩诊断

图3-3-5　整体形象塑造

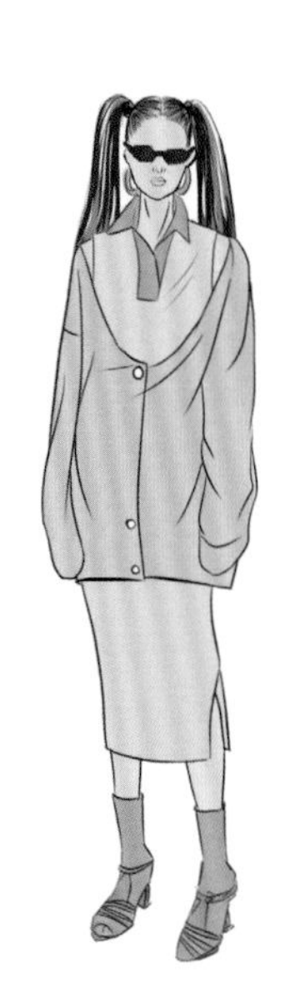   

图3-3-6　可参考的服装色彩搭配

第四步：根据服务对象肤色对应的主色系，确定服装色彩搭配的大方案。

服装色彩搭配的组合形式直接关系到服装整体风格的塑造。最常用的配色方法有同类色搭配、邻近色搭配、对比色搭配、补色搭配和万能色搭配五种。

同类色指色相性质相同，但色度有深浅差异，处于色相环（图3-3-7）中15° 夹角内的颜色。同类色搭配是指通过同一种色相在明暗深浅上的不同变化来进行配色，如深红配浅红、普蓝配湖蓝、咖啡色配米色等。同类色搭配使服装显得柔和文雅，是最不容易出错的搭配方案。

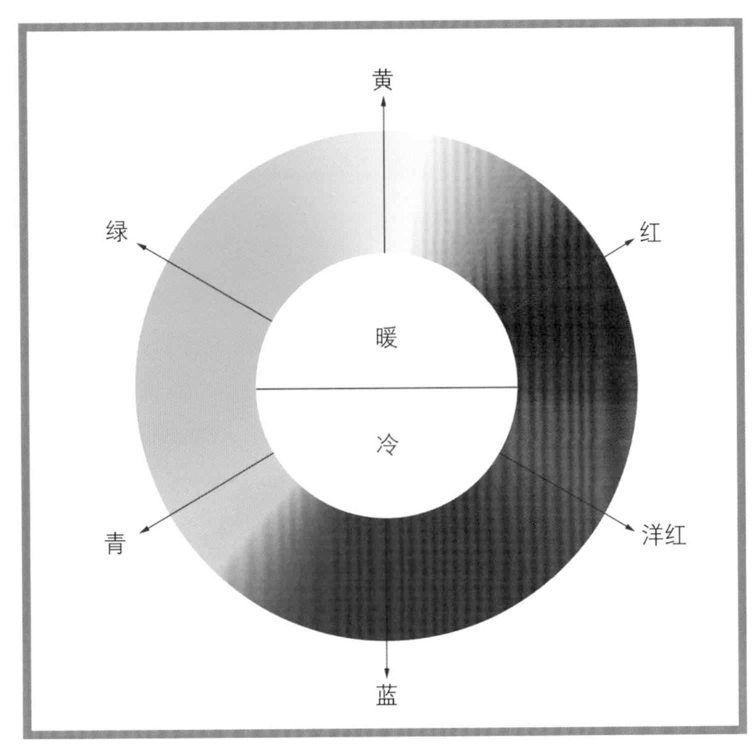

图3-3-7

邻近色，在视觉上比较接近，指在色带上相邻近的颜色，例如绿色和蓝色、红色和黄色。在色相环中，凡在60° 范围之内的颜色都属邻近色的范围。邻近色搭配给人温和协调之感。① 全身色彩要有明确的基调。主要色彩应占较大的面积，相同的色彩可在不同部位出现。② 全身服装色彩要深浅搭配，并要有介于两者之间的中间色。③ 全身大面积的色彩一般不宜超过两种。如穿花连衣裙或花裙子时，背包与鞋的色彩，最好在裙子的颜色中选择，如果增加异色，会有凌乱的感觉。④ 服装上的点缀色应当鲜明、醒目、少而精，起到画龙点睛的作用，一般用于各种胸花、发夹、纱巾、徽章及附件上。

在色相环中，每一种颜色对面（120° 对角）的颜色，称为对比色。对比色搭配会给人强烈的排斥感，若混合在一起，则会调出浑浊的颜色，比如红橙与蓝绿、蓝与橙、黄与蓝，风格鲜艳、明快。

补色搭配是在色相环上180° 两端两个相对色彩的搭配。红与绿、橙与蓝、黄与紫就是互为补色的关系。补色搭配是服装搭配上被用到的典型配色方法之一，可以使它们各自的色彩在视觉上加强饱和度，显得色相纯度更强烈，能达到醒目、强烈、振奋人心的视觉效果。

黑、白、灰是常用的三大中性色。一般来说，中性色是那些能够包容很多色彩且很方便搭配的颜色，比如米色、卡其色、驼色、棕色、咖啡色、深蓝色……由黑色、白色及由黑白调和的各种深浅不同的灰色系列，称为无彩色，也称为中性色。这些颜色柔和，不属于冷色调也不属于暖色调。黑、白、灰这三种中性色能与任何色彩起谐和、缓解作用。中性色主要分为五种（黑、 白、灰、金、银），而且也指一些色彩的搭配。它给人的感觉轻松，可以避免视觉疲劳，沉稳、得体、大方。中性色主要用于调和色彩搭配，突出其他颜色。

第五步：根据服务对象的体型，在之前确定的主色系中，决定服装色彩具体搭配方案。

一般而言，浅色系和暖色系会给人的视觉造成扩张放大的错觉，而深色系、冷色系会给人的视觉造成收缩的错觉。如图3-3-8所示，（a）、（b）中的中心圆都一样大，如果中心圆周围的白色或浅冷色更多，就会使中心圆显得更小，反之，中心圆就会显得更大。

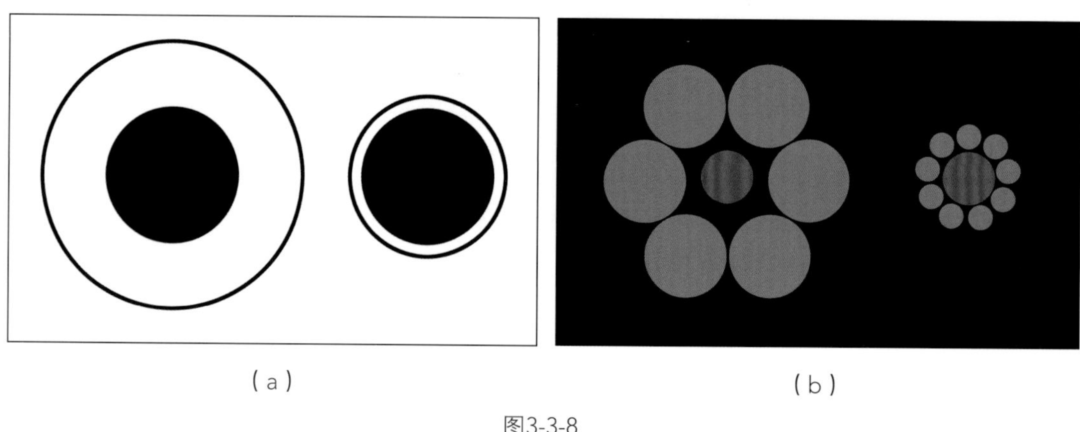

（a）　　（b）

图3-3-8

对于身材过于纤瘦的人来说，采用明亮的浅色系，甚至加以向外扩张的条纹图案，可以相对修饰过于瘦弱的身材；对于高大的人来说，避免采用浅色的纯色调，可以协调身体的比例；肥胖的人可以选择偏深冷的色系来调整体型（但冷色调不适合暖色皮肤的人，这种时候要尽量选择中性色调），同时，肥胖的人也要避免采用大花纹，以避免增加视觉上的宽度。同时，横条纹会增加视觉上的宽度，竖条纹则可以拉瘦体型。根据以上原则，再配合之前根据肤色测定的色彩体系，基本上就可以确定服务对象的服装搭配用色方案。

第六步：根据服装色彩的搭配方案，选择相应的饰品色彩。

饰品是服装搭配中的点睛之笔，好的饰品可以起到提升色彩品位、点亮人物神采的作用。反之，如果运用得不好，也会起到反作用。

饰品的搭配同样会用到补色原则、同类色原则和中性色原则。

补色原则适合于肤色中性、明度与纯度较高的人，这样的肤色能够很好地衬托鲜明的补色带来的强烈视觉对比，同时也会使人物显得明快、活泼、有精神（图3-3-9）。但在使用补色的时候，适当降低色彩的饱和度，也就是用一定的“灰”来冲淡补色带来的强烈刺激，往往会使补色的运用显得更为高级，所谓的高级灰，属于低饱和度颜色（图3-3-10）。

图3-3-9　互补色搭配　　图3-3-10　低饱和度色搭配

用邻近色做搭配是服装搭配中比较保险的一种方法，但要注意，因为饰品在服装搭配中的空间占比很小，用花色接近的邻近色往往会造成饰品在服装整体造型中“消失”的效果，也是一个不利的后果，因此如果选择邻近色的饰品，饰品或服装其中之一的色彩的单一、简洁、整体就尤为重要（图3-3-11、图3-3-12）。

图3-3-11　上半身邻近色搭配　　图3-3-12　帽子和T恤邻近色搭配

更为保险的方法是选择“黑、白、金、银、灰”作为饰品的选择方案，这五种中性色可以大大提高服装搭配的协调性（图3-3-13）。其中金色与银色因为有冷暖的区别，必须根据不同色温的皮肤进行选择，而灰色中也有各自的冷暖倾向，也要根据不同的肤色进行选择。

图3-3-13　黑白灰搭配

第七步：手袋与鞋的色彩搭配。

手袋与鞋的色彩搭配和饰品类似，都可以用补色原则、同类色原则和中性色原则。其中补色原则同样应该规避肤色冷暖倾向强烈的人群；而运用同类色依然应该保持和主体服装对比的原则，即主体服装色彩简洁、块面大，则手袋与鞋可以选择由较多花纹构成的色彩体系，而主体服装花色较多，则应该选择较为整体、单一色彩的手袋与鞋（图3-3-14）。常规来说，大面积单色调的服装也是应该规避同色系大面积单一色调的手袋与鞋的。

图3-3-14　亮色手袋和饰品

大多数情况下，“黑、白、金、银、灰”的使用在手袋和鞋的选择上都是相对保险的方案，但也要根据肤色的冷暖和具体的色彩搭配方案来进行取舍（图3-3-15）。

图3-3-15　黑色鞋搭配

第八步：根据职业确定职场服装色彩搭配。

职场中往往要求员工保持头脑冷静和高效率，过于鲜明的服装色彩容易引人注目，甚至有时候会制造焦虑的情绪，因此，除了特殊场合，大多数职业套装的色彩搭配以素雅大方为最佳选择，色彩以白、黑、褐、藏蓝、灰色为主。但过于整体和重复的颜色也会给人沉闷之感，因此，运用黑白对比，在同类色系中进行渐变搭配，在灰色系中进行补色搭配，或者在丝巾、包、鞋子或首饰上采用大胆鲜明的补色作提亮的功用，都是很好的选择（图3-3-16）。具体搭配过程中同样要考虑服务对象的肤色冷暖、纯度、明度与体型等因素，同时，还要根据具体的职场需求甚至季节，进行有针对性的搭配。

图3-3-16　不同场合着装搭配

第九步：根据季节调整职场服装色彩搭配。

随着四季的变化，不同季节环境与温度的改变，对人的心理会有不同的影响，因此，针对四季变迁，可以对服装的色彩搭配做一些调整（图3-3-17）。比如，春季可更多地选用相对较浅、明亮、轻快、柔和的色彩，灰色系中可以往浅灰倾向靠近，避免使用黑、深灰、藏蓝等厚重的颜色；夏季可以在皮肤色彩倾向能够协调的情况下，选择相对冷且稍浅的颜色，如蓝灰、乳白等，暖色倾向的皮肤在此基础上选择更为靠近暖倾向的颜色，但把明度适当提高，饱和度适当降低即可；秋季可以适当选择棕色、深毛蓝色、铁锈红、橄榄绿等偏暖的色彩，饱和度可以适当提高；冬季因为服装偏厚，需要深色来对体型做适当的视觉上的收缩，可以根据皮肤的冷暖倾向，考虑偏深的色彩搭配，但同时可考虑一些饱和度较高的配饰，以提高冬季萧瑟环境下的明快鲜亮感。

图3-3-17　不同季节着装搭配

三、效果评价

① 通过职业服装色彩搭配的学习，掌握肤色的冷暖与明度、纯度和服装色彩搭配之间的关系，服装色彩搭配的几大原则，女性职业服装色彩搭配的职场需要和搭配原则与要点；积累职业服装色彩搭配的相关风格素材与信息。

② 通过掌握和积累，能根据人物的服装色彩定位和职业场合的需要，独立完成职业服装色彩搭配设计的流程。

四、技能操作

1. 学习掌握基本的色彩理论知识
2. 学习掌握根据皮肤的冷暖与纯度搭配服装色彩
3. 根据体型进行服装色彩搭配的要点
4. 收集并掌握职业服装色彩搭配的相关时尚信息
5. 服装饰品搭配的特点与要求
6. 手袋与鞋色彩搭配的要点
7. 职业服装色彩搭配的要点
8. 根据季节调整服装色彩搭配的要点

五、理论习题

1. 服务对象肤色的色调包括皮肤的____________和____________。____________是指皮肤的深浅，也可以说是明亮程度，是偏黑还是偏白。

2. 肤色的纯度指____________：皮肤____________的，均匀程度低，纯度也就低；皮肤____________的，均匀程度高，纯度也就高。

3. 亚洲人的肤色一般是从____________到____________之间的橙灰色区域。

4. ____________肤色比较百搭，不管是偏冷还是偏暖、是明快的色系还是暗色系，都可以相对自由合适地进行搭配，只要做到配合体型、服装自身的色彩搭配和谐就可以了。

5. 偏冷、纯度高、明度也高的肤色，适合____________的色系，如粉蓝、粉紫、偏蓝的粉红、明蓝、浅灰、浅粉绿、浅粉灰等。

6. 偏冷、纯度适中、明度也低的肤色，适合____________的色系，深色系有助于衬托出皮肤的亮度。

7. 偏暖、纯度低、明度也低的肤色，适合配____________、____________同时比较深的色系，切记____________色彩容易突出肤色的低纯度，同时使肤色显得更暗。

8. 服装色彩搭配的组合形式直接关系到____________。

9. 最常用的配色方法有____________、____________、____________、补色搭配和____________五种。

10. ____________在视觉上比较接近，指在色带上相邻近的颜色，例如绿色和蓝色、红色和黄色。

11. 在色相环中，每一种颜色对面（120° 对角）的颜色，称为____________。

12. ____________是在色相环上180° 两端两个相对色彩的搭配。

13. ____________是常用的三大中性色。

14. 对于身材过于纤瘦的人来说，采用____________，甚至加以向外扩张的条纹图案，可以相对修饰过于瘦弱的身材。

15. 饰品是服装搭配中的____________，好的饰品可以起到提升____________、点亮人物神采的作用。

16. 更为保险的方法是选择“____________”作为饰品的选择方案，这五种中性色可以大大提高服饰搭配的协调性。

17. 手袋与鞋和饰品类似，都会用到____________。

18. 大多数职业套装的色彩搭配以素雅大方为最佳选择，色彩以____________为主。

19. 春季可更多地选用____________的色彩，灰色系中可以往浅灰倾向靠近，避免使用____________等厚重的颜色。

20. 夏季在皮肤色彩倾向可以协调的情况下，选择__________的颜色，如__________等，暖色倾向的皮肤在此基础上选择更为靠暖色倾向的颜色，但要把明度适当提高，饱和度适当降低即可。

21. 秋季可以适当选择____________等偏暖的色彩，饱和度可以适当提高。

22. 冬季因为服装偏厚，需要____________来对体型做适当的视觉上的收缩，可以根据皮肤的冷暖倾向，考虑____________的色彩搭配，但同时可考虑一些____________的饰品，以提高冬季萧瑟环境下的明快鲜亮感。

参考文献

[1] 徐家华，张天一. 化妆设计[M]. 北京：中国纺织出版社，2014.

[2] DAVIS G，HALL M. 化妆造型师手册：影视、摄影与舞台化妆技巧[M]. 谢滋，译. 2版. 北京：人民邮电出版社，2021.

[3] 宋婷. 化妆造型核心技术修炼[M]. 3版. 北京：人民邮电出版社，2020.

[4] 熊雯婧. 化妆设计与实训[M]. 北京：化学工业出版社，2013.

后记

《人物化妆造型职业技能教材（初级）》是基于人物化妆造型1+X证书考核大纲中初级考核点进行编写。感谢人物化妆造型1+X证书培训评价组织——北京色彩时代商贸有限公司组织大家编写，感谢第二主编陈霜露，副主编简义和杨曦三位老师负责本书视频教学部分的设计与制作工作，感谢罗晓燕老师参与本书项目三中任务二的编写，感谢严可祎老师参与本书项目三中任务三的编写，感谢以上五位老师参与人物化妆造型1+X证书中初级题库的编制工作。感谢李莉、袁俊杰、杨欣、刘嘉嘉、夏冬几位老师参与本书项目二中不同任务主题内容的编写工作，感谢合作企业专家徐丽梅、杨波的大力支持，以及感谢参与拍摄的涂庆庆、宋利杰、郑慧芳、CoCo、小曹同学、王鑫毓、段莹、王添、张雪莲几位模特。本书的出版得到了化学工业出版社的大力支持，在此一并致谢！

由于信息资源及数据库发展迅速，书中难免存在遗漏和不妥之处，敬请读者谅解和指正，反馈意见请发邮件至61343341@qq.com，以便今后修订完善，不胜感激。

熊雯婧

2021年9月

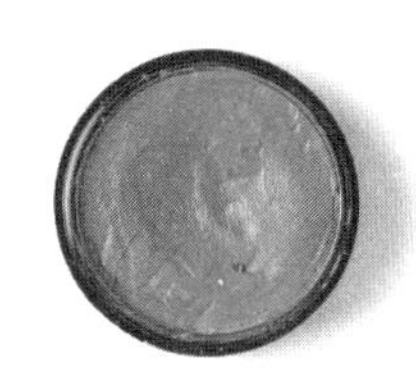

彩妆活页练习册

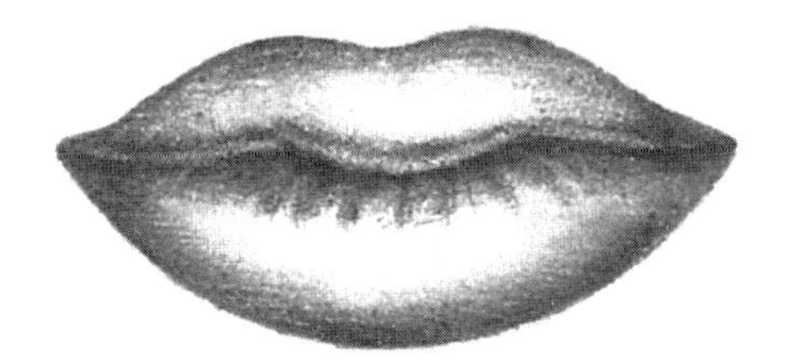
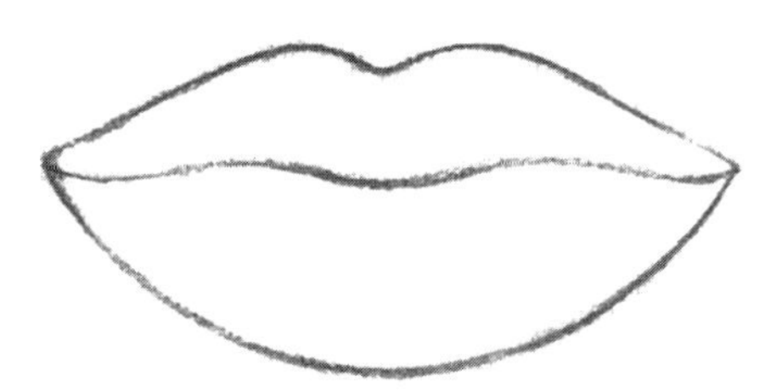
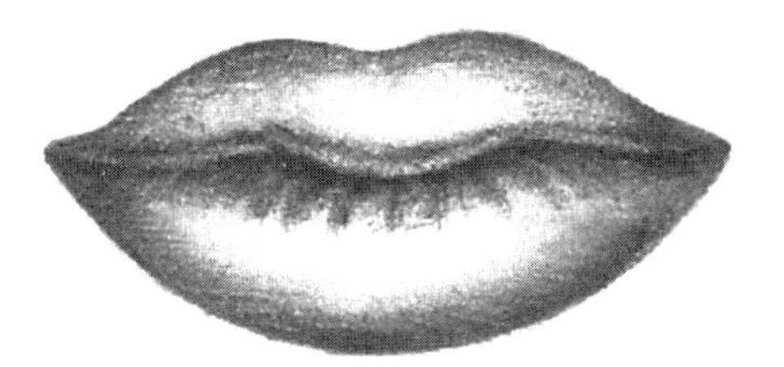

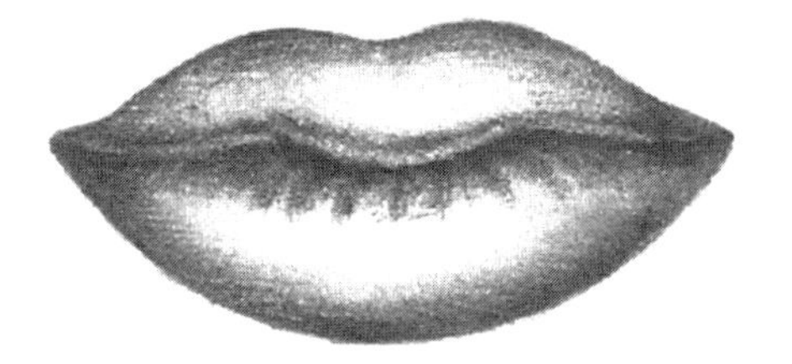
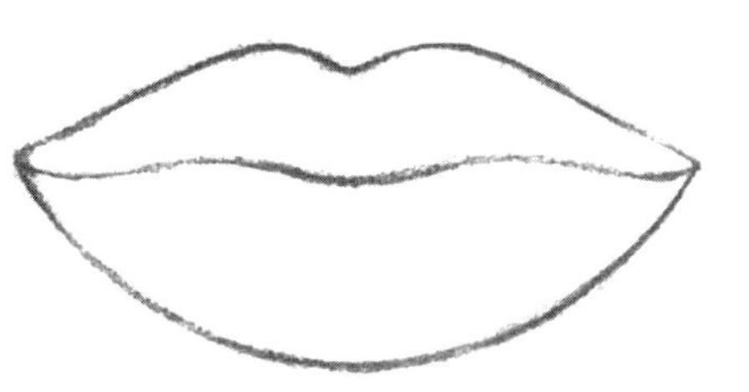
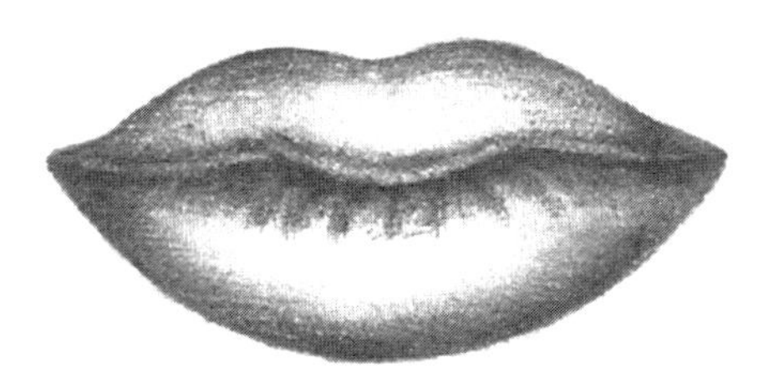
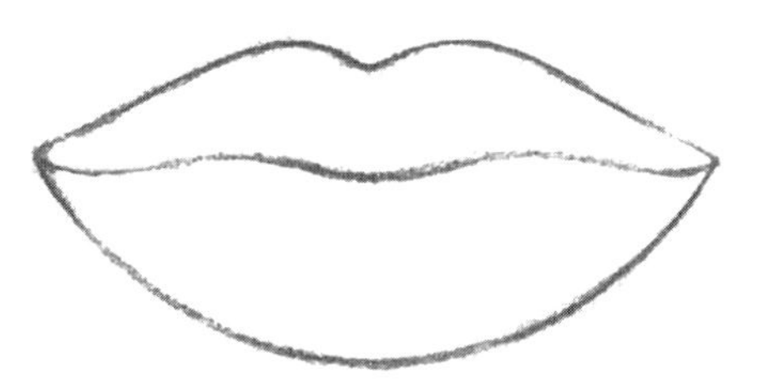

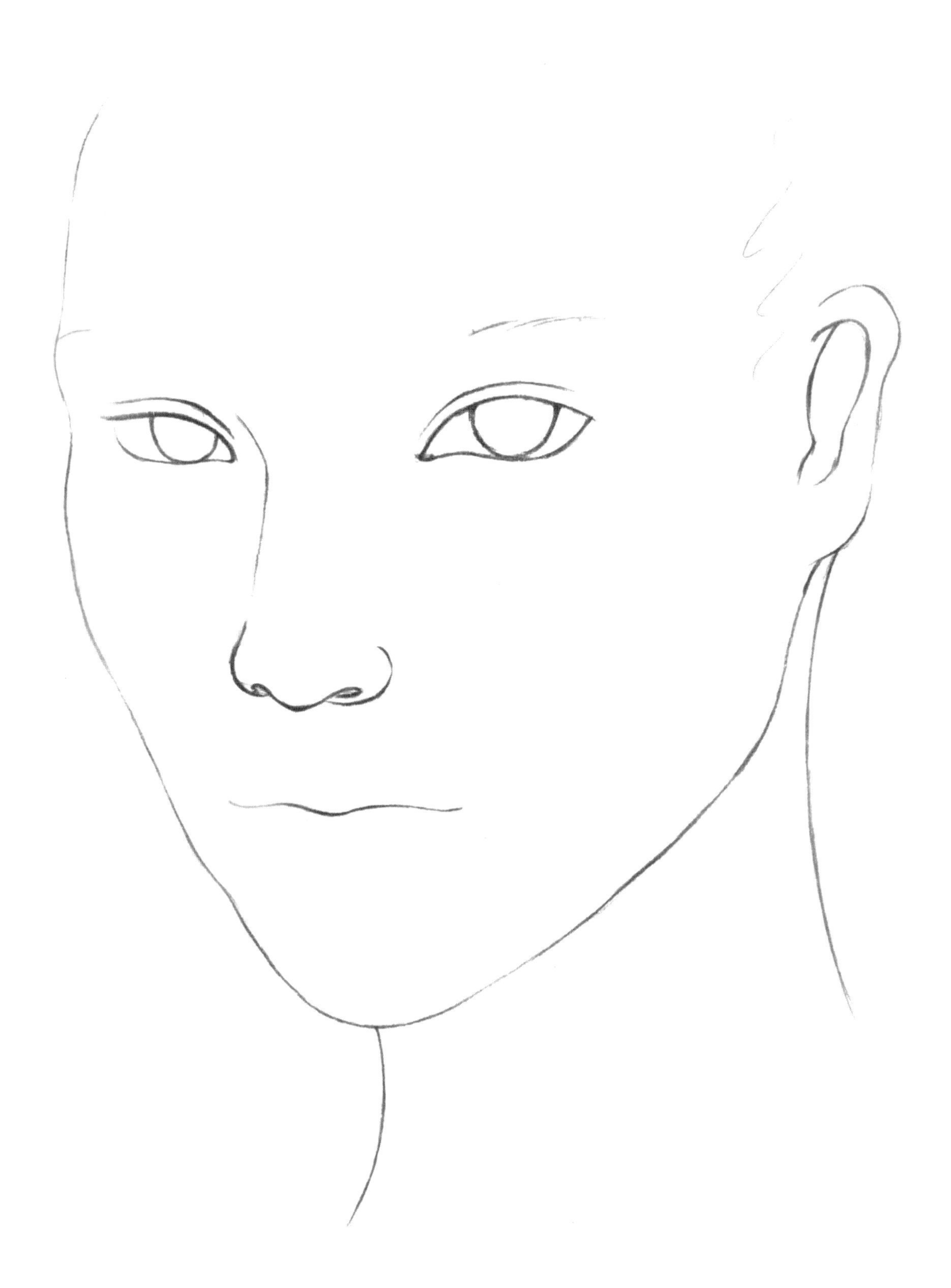

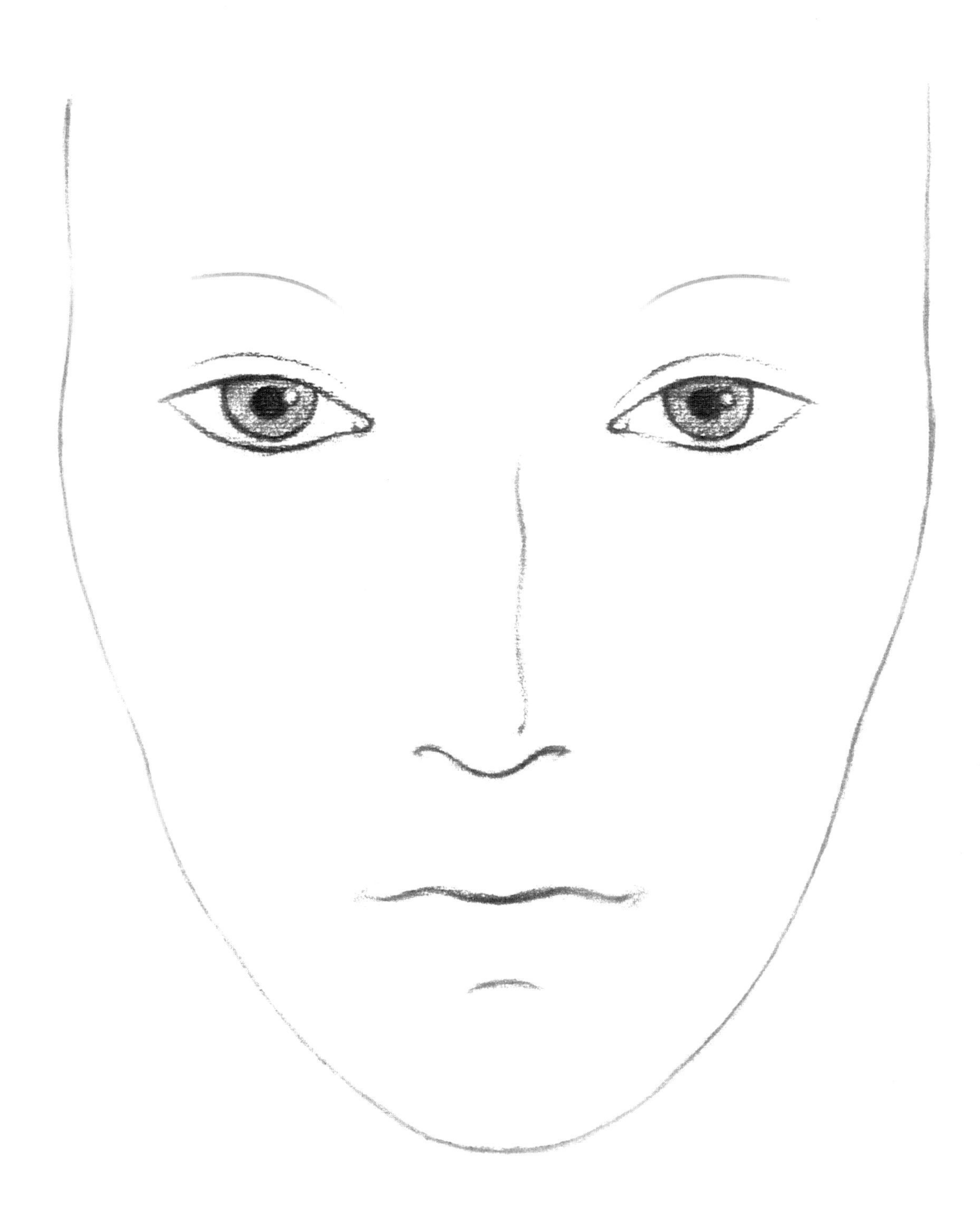

眉形图

综合眉形

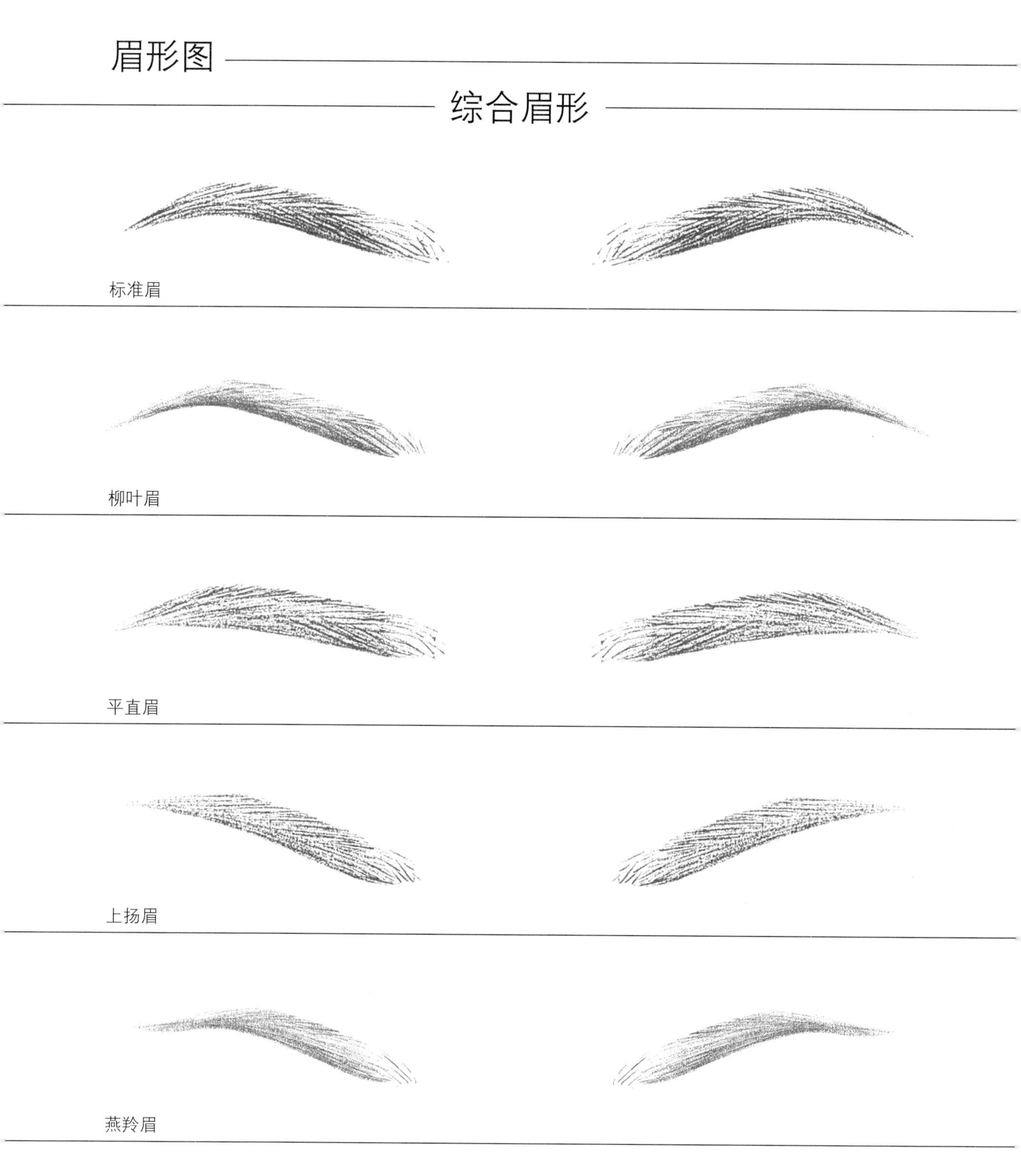

拱形眉

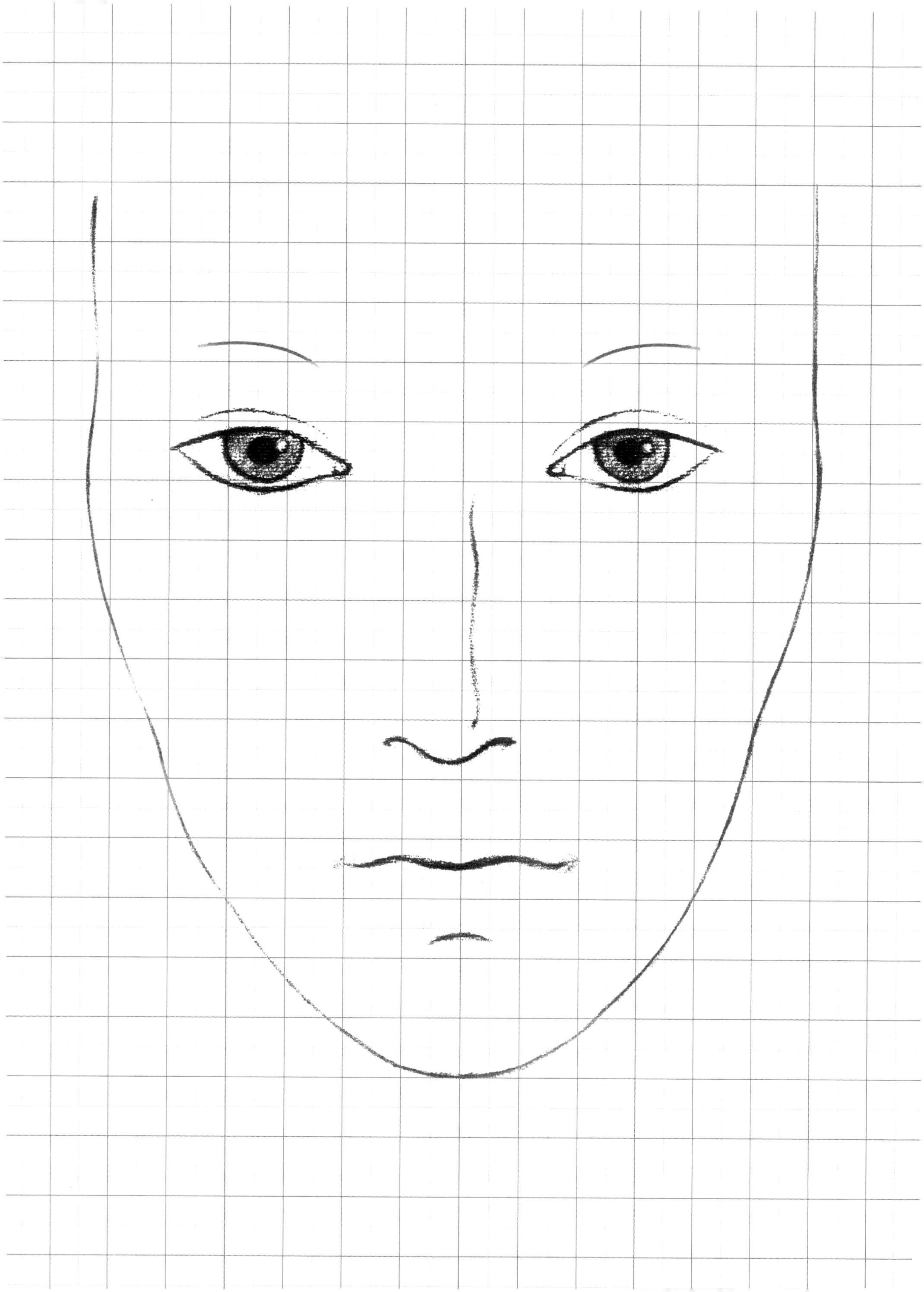

ISBN 978-7-122-40285-1

9 787122 402851 >

定价：58.00元